中南大学
秭归地质实习指导书

Guidebook for Geology Practice in Zigui,Central South University

主　编◎舒　彪　金福喜

副主编◎陈科平　左文贵　李建中
　　　　贺　勇　刘　飚

中南大学出版社
www.csupress.com.cn

·长沙·

图书在版编目（CIP）数据

中南大学秭归地质实习指导书／舒彪，金福喜主编.
—长沙：中南大学出版社，2021.6
ISBN 978-7-5487-4488-7

Ⅰ．①中⋯ Ⅱ．①舒⋯ ②金⋯ Ⅲ．①地质学—实习
—秭归县—高等学校—教学参考资料 Ⅳ．①P5-45

中国版本图书馆 CIP 数据核字（2021）第 112731 号

中南大学秭归地质实习指导书
ZHONGNAN DAXUE ZIGUI DIZHI SHIXI ZHIDAOSHU

主编 舒 彪 金福喜

□责任编辑	韩 雪	
□责任印制	周 颖	
□出版发行	中南大学出版社	
	社址：长沙市麓山南路	邮编：410083
	发行科电话：0731-88876770	传真：0731-88710482
□印　　装	湖南鑫成印刷有限公司	

□开　　本	787 mm×1092 mm 1/16	□印张 10.5	□字数 276 千字
□版　　次	2021 年 6 月第 1 版	□2021 年 6 月第 1 次印刷	
□书　　号	ISBN 978-7-5487-4488-7		
□定　　价	48.00 元		

前　言

　　地质实习属于中南大学地质类专业的必修实践教学环节。中南大学地质工程专业于2017年暑期开始在中国地质大学(武汉)秭归产学研基地开展"基础地质与工程地质实习"。在实习开始前由实习指导老师开展了多次实习路线备课，其中主要由实习指导老师跟随中国地质大学(武汉)的实习老师踏勘各条实习路线和知识点。经过四年的实习经验积累，并结合中南大学地质专业的特色，对中国地质大学(武汉)既有成熟的实习路线进行取舍、组合和调整，逐渐形成了具有自身特色的地质实习教学方案。

　　中南大学的地质类专业具有其特殊的专业背景，其实习时间长短以及实习内容侧重点与中国地质大学(武汉)的实习方案各有不同。例如，中国地质大学(武汉)具有周口店、北戴河、秭归三个地质实习基地，其地质实习通常包括基础地质实习、构造地质实习和工程地质实习三个部分。因此，中南大学地质类专业的地质实习方案不能全部照搬中国地质大学(武汉)的秭归地质实习方案，而必须根据本专业的实际情况进行安排。在实习的初期，中南大学的秭归地质实习需要综合采用中国地质大学(武汉)的多本相关实习教材开展实习，教材使用多有不便，学生对编写适合本校的实习指导书呼声很高。鉴于上述实际情况，中南大学实习指导老师决定在借鉴中国地质大学(武汉)实习教材和方案的基础上，编写一本适用于本校地质类专业的实习指导书。

　　本书主要参考了中国地质大学(武汉)编写的多本秭归地区实习教材，主要包括《秭归产学研基地野外实践教学教程：基础地质分册》《秭归产学研基地野外实践教学教程：土木工程分册》《秭归产学研基地野外实践教学教程：地质工程与岩土工程分册》等。随后又参考借鉴了中国地质大学(武汉)最新的MOOC课程："秭归野外地质实践教学""秭归工程地质野外教学实践""三峡地质野外实践"的内容。本书是在上述参考资料及其他资料的基础上，结合自身的现场踏勘考察和照片拍摄，进行综合、归纳和汇编而成。

　　本书综合了基础地质、工程地质和水文地质等方面的内容，可作为地质工程、地理信息系统、资源勘查工程、地球物理学、土木工程、采矿工程和测绘与遥感工程等相关学科本科生的野外地质实习参考书。

　　在本书的编写过程中，主要借鉴引用了中国地质大学(武汉)稀归实习教材和 MOOC 中讲解的内容，谨此向上述教材的编写老师和 MOOC 课程的授课老师表示衷心的感谢。在本书的编写过程中，研究生梁铭与黄若宸先后参与了实习路线的备课踏勘、照片拍摄以及文字整理编辑工作，在此表示感谢。李长冬教授、章广成教授、胡新丽教授以及王亮清教授等在实习路线踏勘中给予了指导，在此表示感谢。中国地质大学(武汉)余宏明教授、李长冬教授对本书提出了宝贵意见，在此表示感谢。本书的出版获得了中南大学教学经费及湖南省普通高等学校课程思政建设研究项目的资助。

　　因编写过程仓促，如有错误或不妥之处，敬请批评指正。

编者

2021 年 4 月

目　录

第1章

绪　论

1.1　实习目的与要求

1.1.1　实习目的

基础地质与工程地质实习是地质类专业的一门实践类教学课程，其目的是在地质学基础课程教学的基础上，通过对实习地点的地形地貌、地层岩性、地质构造、新构造运动和地震、水文地质、外动力地质作用和地质灾害、工程地质条件和工程地质问题等进行实地调查与分析，深化对课堂所学地质学、工程地质与水文地质基础知识的认识，掌握基础地质和工程地质测绘的基本工作方法和专业技能，学会编写相应的基础地质和工程地质实习报告，培养学生观察、分析和评价各类地质现象及资料综合整理编写报告的能力，为后续专业学习和将来进行工程地质测绘及相关工作打下必要的基础。

1.1.2　基本要求

（1）知识：掌握对各种典型地质体、各类地质现象的观察和分析方法；学会使用罗盘；学会选定地质观察点；学会地质剖面图测绘及图件制作；学会各种地质体和各类地质现象的观测方法和野外记录；学会基础地质、工程地质与水文地质测绘；认识与工程地质、水文地质和环境地质有关的地质条件和地质现象，加深对地质、地貌、岩土物理力学性质，以及工程地质、水文地质和环境地质条件等相关知识的理解。

（2）能力：通过野外实习，将对地质体的理性认识转变为感性认识，初步认识和理解工程地质条件与水文地质条件，体会地质体的复杂性；学会将理论知识与实际工程相结合，加深理解人类社会与地质环境之间的相互作用关系；提高野外实际动手能力；通过野外记录、室内资料整理、图件制作和报告编写等各环节训练，运用地质学基本理论知识初步具备发现问题、分析问题和解决复杂工程地质问题的能力。

（3）素质：通过野外实习，培养人与自然和谐观，培养能在艰苦环境中工作的吃苦精神；在实习中理解并遵守地质工程职业道德规范，增强社会责任感，遵纪守法，增强时间观念；通过以实习小组为团队开展实习，加强团队合作意识，培养善于与人交流沟通的能力。

1.2　实习基地简介

　　三峡秭归实习区是我国区域地质调查研究较早且研究程度较高的地区之一，区内沉积岩、变质岩、岩浆岩三大岩类出露较为齐全，南华纪以来地层发育连续、完整，各类地质构造现象丰富典型，具备开展野外地质教学的条件。

　　中国地质大学(武汉)于2006年在秭归新县城茅坪镇正式建立"产学研"基地，主要服务于地质类专业学生实习。由于其条件完善，管理服务规范，国内外其他高校包括清华大学、中南大学、同济大学、休斯敦大学等国内外知名院校也开始借用该基地进行野外地质教学实习。实习基地所在地秭归新县城茅坪镇为三峡航线中转点，境内设有多处港口；陆路交通也较为便利，宜昌高铁站旁客运站可直接换乘大巴直达城区，历时约1小时。实习区主要集中在长江西陵峡两岸及邻区，属长江上游下段的三峡河谷地带鄂西南山区。

1.3　实习进度及要求

1.3.1　动员准备阶段

　　通过实习动员、实习情况介绍，使学生了解实习的目的、内容、安排及要求达到的目标，从思想上和物质上做好准备。准备工作包括：①每班按4~5人编一组，选出实习组长；②检查野外用品(地质锤、放大镜、小刀、三角板、量角器、铅笔、稀盐酸、日常用的水文地质工程地质测量和测试仪器等)、安全帽、反光背心、背包等劳保装备；③检查罗盘，校正磁偏角；④熟悉地形图和地质图，了解区域地质背景情况；⑤了解野外记录簿的记录格式；⑥以班为单位购买保险。

1.3.2　教学阶段及内容

　　野外实习阶段：在教师的指导下以班级、小组为单位开展野外实习。

　　基本训练内容包括：①辨识地形图及位置定点；②测量产状；③矿物、岩石的肉眼鉴定、描述及命名；④绘制地质信手剖面和实测地质剖面；⑤构造地质现象的观察、测量及描述；⑥第四系地质现象的观察调查；⑦水文地质现象的观察调查；⑧物理地质现象的观察；⑨水利水电工程、道路工程、桥梁工程、隧道工程、基础工程实例的考察。

　　基本要求：①每天及时整理当天收集的资料、清绘图件；②每天要做实习小结，撰写实习日志；③每天预习与第二天实习有关的内容。

1.3.3　实习报告编写

　　编写实习报告主要培养学生整理、归纳和综合分析实际调查资料的能力，使理论与实际相联系。该阶段主要为学生室内完成。

　　实习报告的内容包括：①封面、扉页；②绪论；③介绍实习区自然地理及区域地质背景；④具体实习内容，包括基础地质、工程地质、水文地质、实践专题；⑤实习的结论与建议、致谢；⑥实习过程中编绘的图和表。

　　报告编写阶段基本要求：①教师讲明资料整理的目的和要求，以及图件的格式、报告的提纲；②学生用 2/3 的时间完成图件的编绘及报告初编；③教师认真辅导，审阅图件、批改报告初稿；④学生用 1/3 的时间进行修改、清抄。

第 2 章

野外地质调查方法

2.1 地层岩性调查方法

(1)地层岩性的观察与描述:一般包括岩石名称、颜色(新鲜、风化、干燥、湿润时的颜色)、成分(机械成分、矿物成分、化学成分)、结构与构造、产状、岩相变化、成因类型、特征标志、厚度(单层厚度、分层厚度和总厚度)、地层年代和接触关系等。

(2)沉积岩的观察与描述:注意调查层理特征、层面构造、沉积韵律和化石。对碎屑岩类,应着重描述颗粒大小、形状、成分、分选情况、胶结类型和胶结物的成分、层理(平行层理、斜层理、波状层理和交错层理)、层面构造(波痕、泥裂、雨痕等)和结核等。对泥质岩类,应着重描述物质成分、结构、层面构造、泥化现象等。对碳酸盐岩类,应着重研究化学成分、结晶情况、特殊的结构和构造(如鲕状结构、竹叶状结构、斑点状构造及缝合线等)、层面特征及可溶性现象等。

(3)火成岩的观察与描述:注意调查其成因类型、产状、规模及与围岩的接触关系。对侵入岩,应注意研究其与围岩间的穿插和接触关系,接触带特征(包括自变质现象、围岩的接触变质和机械破碎等情况),所处的构造部位及原生裂隙和岩脉等情况。对喷出岩,应注意研究其喷出或溢流形式、岩性、岩相的分异变化规律、原生或次生构造(气孔状、杏仁状、流纹状或枕状构造等)、原生裂隙、捕虏体、韵律、层序及与沉积岩的相互关系等。

(4)变质岩的观察与描述:应注意研究其成因分类(正变质或负变质)、变质类型(区域变质、接触变质、动力变质)、变质程度和划分变质带、恢复原岩性质与层序。着重观察变质岩的矿物成分(原生矿物与变质矿物)、结构(变晶结构、变余结构和破裂结构等)、构造(包括变质构造和原岩的残留构造)、分析矿物的共生组合和交代关系。特别注意片理、劈理以及小型褶皱等细微构造和原岩层理的区别。

2.2 地质构造观察与描述

(1)褶皱的位置(包括空间位置和与其他构造的相对位置)、规模、沿走向的变化规律和倾伏情况;褶皱的形态特征(两翼岩层和轴面的产状、枢纽起伏情况等)、类型、组成岩层的相变、时代和特征;两翼岩层的厚度变化以及其褶皱的组合形式等。

(2)断裂的位置、规模、产状及在平面和剖面上的形态特征;构造破碎带的构造岩类型、特征(角砾的粒度、排列情况、胶结类型和程度、溶蚀现象和风化特征)及破碎带和破碎带影响的宽度;判定断层的两盘相对运动方向、力学性质、构造次序,并分析断裂与地下水活动关系。

(3)裂隙统计点的位置和所处的构造部位;裂隙的分布、宽度、产状、延伸情况及充填物的成分和特征;裂隙面的形态特征、风化情况;各组裂隙的发育程度、切割关系、力学性质和性质转变情况;并注意裂隙的透水性。裂隙统计应力求在相互垂直的两个面上进行,其面积不应小于 1 m×1 m。观测内容填在记录表上。

(4)劈理和片理的空间位置和所处的构造部位、分布规模、产状、性质等。

2.3　水文地质调查方法

主要为水文点的观察与描述,调查的水点包括地下水的天然露头及人工露头。前者有泉、沼泽和湿地;后者有水井、坎儿井及揭露了地下水的钻孔、矿井、坑道和试坑等。

2.3.1　水井的调查

(1)调查井孔的位置及所处的地貌部位井孔的深度、结构、形状及口径。
(2)了解井孔所揭露的地层剖面,确定含水层的位置、厚度和含水性质。
(3)测量水位、水温、通过调查访问搜集水井的水位和涌水量的变化情况。
(4)了解水的使用和引水设备情况。
(5)对自流井,应着重调查出水层位和隔水顶板的岩性、水头高度及流量变化情况。

2.3.2　泉的调查

(1)泉水出露的地形地貌部位、高程(一般根据地形图查得,有特殊意义者实测)及与当地基准面的相对高差。
(2)泉水出露处的地质构造条件和涌出地面时的特点(是明显的一股或几股水涌出,还是呈片状向外渗出),泉的类型。
(3)根据地质构造及泉的特点,判断补给泉水的含水层,绘制泉水出露处的素描图。
(4)观测泉水的物理性质,取水样做化学分析。测量泉水的水温和流量,并通过访问和观察泉眼附近的各种痕迹,了解流量的稳定性。
(5)泉眼附近有特殊的泉水沉淀物时,应进行肉眼鉴定,必要时采样进行化学分析。对人工挖泉,应了解其挖掘位置、深度、泉水出露的高程和地形条件、遇水层位和水量等。
(6)对流量较大的泉水,应调查水的去路,对有重要水文地质意义和开采利用价值的大泉,应在初步调查的基础上及早开始动态观测。
泉水调查内容填在"泉水调查记录表"上。
(7)"泉水调查记录表"记录要求:
①野外编号:按地质点号依次排列。
②室内编号:依地质点顺序号大小依次排列为泉 1、泉 2、泉 3、…、泉 n,或用字母代替为 Q_1、Q_2、Q_3、…、Q_n。
③泉名:若有泉名时则填写泉名,如龙凤泉、黑龙泉、月亮泉等;没有泉名时则填写距该

泉最近的村名，如马连沟泉、段寨泉等。

④图幅名称、出露标高、坐标、位置、水样编号、水温、气温、色、气味、口味、透明度。

⑤含水层：泉水流出的地层。按表中要求填写。

⑥顶板、底板：即含水层的顶板、底板。

⑦泉的类型：下降泉分为悬挂泉、侵蚀泉、接触泉、堤泉、溢泉。如果在填图过程中能分出以上泉的类型则按上述填写，若不能分出，则按基岩下降泉、第四系下降泉填写；上升泉分为断层泉、自流斜地上升泉、自流盆地上升泉。

⑧泉的产出状态：是明显一股或几股水涌出，还是呈片状向外渗出。

⑨附近地形：泉周围的地形，如 U 形谷、V 形谷、陡坡、缓坡、坡脚、半坡等。

⑩泉水用途：指泉水现在利用情况。如可浇地多少亩、供村多少人口及多少牲畜饮用、未利用等。

⑪沉淀物及气体成分：泉眼附近有无特殊的泉水沉淀物，应进行肉眼鉴定，如泉华等。

⑫工程地质特征：若为第四系泉时，要填写含水层岩性，节理发育情况及底部隔水层岩性等；若为基岩时，则要填写岩石节理、裂隙发育情况，边坡的稳定状态等。

⑬备注：一般填写该泉是否易采取水样。

⑭平面及剖面图：平面图可从地形图上示意画出，比例尺为填图比例尺，标出方位；剖面图要有比例尺、方位、含水层时代、含水层岩性、隔水层岩性及时代、泉符号、泉涌水量。

⑮照相编号：当有特殊意义或具有代表性的泉要进行照相，按顺序进行编号。

2.4 第四纪地质与地貌调查方法

2.4.1 观察点的观察与描述内容

(1)与地质相关的记录内容：如时间、点号、地理位置、海拔高度及相对高程等。

(2)地貌形态观察和记录：以堆积地貌为研究重点。划分地貌类型和微地貌单元，描述或测量其形态特征(面积、宽度、高度或深度)，指明观察点所在的地貌部位。

(3)地层剖面观察。

①厚度：测量并描述记录剖面中各层的厚度变化情况。

②颜色：地层的颜色一般用"深浅程度(浅、深、淡、暗)"表示。如浅灰黄色、暗黑褐色。松散堆积物的颜色除反映其岩矿成分和后期风化过程外，还取决于堆积物的湿润程度。因此，观察颜色时，应注意地层在干湿情况下颜色的变化。

③按粒组或粒度成分分类。

④结构构造：包括各种层面和层间构造、上下层的接触关系、颗粒排列及其外表特征等。除用文字描述外，还应用测量数据说明。

⑤土状堆积物的可塑性和坚实程度。

⑥风化现象：风化程度，尤应注意观察剖面中的古风化壳和古土壤层。

⑦砾石层应作为观察重点，研究并记录其粒度、矿物成分、风化程度、表面特征、磨圆度和产出状况、充填或胶结情况(胶结物、胶结程度)。

⑧有特殊意义的地质现象，如含矿层、化石、文化遗迹的观察、记录和采样。

⑨岩层的划分和命名，名称应体现堆积物的颜色、风化程度、胶结程度、机械组合和岩矿成分的特征，如"灰黄色石英砂岩层""黑色黏土层""灰白色钙质胶结砾石层"。

⑩与基岩的接触关系。

(4)成因和时代的初步研讨，根据地貌和地层剖面观察，推测堆积物的形成环境和相对年龄。

(5)摄影和素描：摄影和素描是搜集有关地貌形态和地层剖面特征的重要手段。摄影和素描后均用详细文字加以说明。

(6)信手剖面图：其内容、图式与实测剖面要求一样，不过是目测信手来完成的。

2.4.2　第四纪地层的观察与描述内容

在地质-水文地质调查中，对第四纪地层的露头应详细观察描述，内容包括：地层的颜色、岩性、岩相、结构和构造特征、特殊夹层、各层间的接触关系、所含化石及露头点所处的地貌部位等。

1. 颜色

注意原生与次生、干与湿、水平与垂直方向的颜色变化及特殊色、色带、色斑的过渡和混染情况，特别是一个地区主要沉积物的主要色序。描述时，一般辅色在前，主色在后。特殊颜色最好用常见物品的颜色来形容，如栗色、砖红、瓦灰、藕荷色等。

2. 岩性

(1)砾石类。

砾石的成分、粒径(最大、最小、一般)的相对含量、分选性、磨圆度等；测定砾石的长轴方向与长轴轴面产状，以供绘制砾石扁平面极点分布图或玫瑰花图，帮助判断物质来源、搬运动力与距离，为确定成因类型和地层的相对年代提供依据。

野外肉眼鉴定：

砾石、卵石等颗粒较为粗大的土，土粒可以用尺直接测量，形状也明显可见。应取有代表性的样品，测量其最大和最小的土粒，分成粒组，估计其含量，并注意其形状是浑圆的还是棱角的，即可相当准确地定出土的类型名称。

(2)砂类。

砂的矿物成分、颗粒形状、粒度、磨圆度，压密程度和湿度状况，次生矿物成分及胶结状况(胶结物成分与胶结性状)，加酸起泡程度，重矿物含量及其富集部位等。

野外肉眼鉴定：

砂土干时为松散状，没有结块。砂粒的大小可以用放大镜在地质野外记录本的毫米方格纸上进行估计。一般毫米方格纸的线条本身宽约 0.25 mm，方格的空白宽约 0.75 mm，在放大镜下可以根据这些标准测定土粒的直径，并粗略估计各种大小的砂粒的百分含量，据以进一步划分砂土的类型。

(3)黏土类。

干湿时的物理状况、特殊现象(如黄土的大孔隙性；泥炭的气味、腐烂程度；淤泥的矿物含量等)。并利用搓条等野外简易方法对土进行分类命名。

野外肉眼鉴定：

黏性土湿时都具有黏性，所以一般用湿测法进行黏性土的野外鉴定。湿测法就是取土若干放在手掌上，稍加水数滴，调成稠糊状态，看其搓成土条或土球的性能，以鉴定之。

如土条能搓成直径小于 1 mm 的细条，可定为黏土。若为亚黏土(黏粒含量小于 30%)，其黏着性就要比黏土差些，因此搓出的土条不会小于 1 mm，只能搓成 1~3 mm 的细条，而且将土条可以搓成球。亚砂土不像亚黏土那样能搓成表面光滑的土球。砂土搓不成球，这是和亚砂土不同的，用这种方法很容易将二者加以鉴定。

3. 结构与构造

详细观察描述地层剖面的结构特征(冲积层的二元结构，洪积层的相变和透镜体夹层，残积层与基岩的过渡关系等)及土的结构与均一程度，碎屑混入物的成分，砂的松散和胶结状况(胶结程度、胶结物种类及胶结类型)以及砾石的排列方向等。对层理或层面的类型、产状以及孔隙、生物构造特征等均应详细观察描述。

4. 特殊夹层

地层中的含矿层(石膏夹层或石膏散晶、软锰矿、芒硝、盐晶等)、泥炭层、淤泥层、结核层、纹泥层、胶结砂层及古土壤层等在地层剖面中的位置与特征。对结核与包裹体，应分别描述其颜色、成分(加酸起泡程度等)、形状(大小、形态和表面特征)、内部结构与构造(层状、同心圆状、斑状、块状、坚硬、松散等)、散布状况、与围岩的过渡关系(明显的、渐变的)以及伴生情况与侵染情况等。

5. 化石

产出层位，名称、数量、形态大小、保存状况、石化程度、分布状况等。

6. 各层接触关系与岩相变化

接触类型(冲刷接触、明显接触、突变接触和逐渐过渡)与特征，界面上有无冲刷痕迹和砾石。对突变接触，应注意观察是沉积条件的改变还是沉积长期间断。选取地层出露较全的露头点进行分层描述与地层厚度的测量，并注意观察岩石岩性与厚度在水平方向上的变化规律。

此外，对第四纪地层露头点所处的地貌部位与地貌形态特征，应作观察描述，必要时进行素描或照相。对砂层中的土块或土层中的砂包等现象亦应作详细的描述。

7. 对地貌的观察与描述

地貌的观察与描述应与水文地质条件的分析研究紧密配合，着重观察研究与地下水富集有关或由地下水活动引起的地貌现象。

(1)基本地貌单元。

平原或者丘陵、山地、盆地等的分布情况和形态特征(海拔高程、水系平面分布特征，分水岭的高度及破坏情况，地形高差、切割程度及地表坡度等)，并分析确定其成因类型。

(2)河谷地貌的调查。

谷底和河床纵向坡度变化情况，各地段横剖面的形态、切割深度及谷坡的形状(凸坡、凹坡、直坡、阶梯坡等)、坡度、高度和组成物质，谷底和河床宽度以及植被情况等。

(3)河流阶地的调查。

阶地的级数及其高程，阶地的形态特征如长、宽、坡向、坡度(阶面的相对高度和起伏情况以及切割程度等)，阶地的地质结构(组成物质，有无基座及基座的层位、岩性、堆积物的岩性、厚度及成因类型)及其在纵横方向上的变化情况，阶地的性质及其组合形式。

(4)冲沟的调查。

位置(所在的地貌单元和地貌部位)、密度与分布情况,规模及形态特征,冲沟发育地段的岩性、构造、风化程度、沟壁情况及沟底堆积物的性质和厚度等,沟口堆积物特征,洪积扇的分布、形态特征(长、宽、坡向、坡度、起伏情况和切割程度等)及其组合情况。

2.5　斜坡地质灾害调查方法

2.5.1　滑坡调查要点

(1)调查的范围应包括滑坡区及其附近地段,一般包括滑坡后壁外一定距离,滑坡体两侧自然沟谷和滑坡舌前缘一定距离或江、河、湖水边。

(2)注意查明滑坡的发生与地层结构、岩性、断裂构造(岩体滑坡尤为重要)、地貌及其演变、水文地质条件、地震和人为活动因素的关系,找出引起滑坡或滑坡复活的主导因素。

(3)调查滑坡体上各种裂缝的分布,发生的先后顺序、切割关系、分清裂缝的力学属性,如拉张、剪切、鼓胀裂缝等,借以作为滑坡体平面上分块、分条和纵剖面分段的依据。

(4)通过裂缝的调查,借以分析判断滑动的深度和倾角大小。滑坡体上裂缝纵横,往往是滑动面埋藏不深的反映;裂缝单一或仅见边界裂缝,则滑动埋深可能较大;如果基础不大的挡土墙开裂,则滑动面往往不会很深;如果斜坡已有明显位移,而挡土墙等依然完好,则滑动面埋深较深;滑坡壁上的平缓擦痕的倾角,与该处滑动面倾角接近一致;滑坡体的差速成裂缝两壁也会出现缓倾角擦痕,同样是下部滑动面倾角的反映。

(5)对岩体滑坡应注意调查缓倾角的层理面、层间错动面、不整合面、断层面、节理面和片理面等,若这些结构面的倾向与坡向一致,且其倾角小于斜坡前缘临空面倾角,则很可能发展成为滑动面。对土体滑坡,则首先应注意土层与岩层的接触面,其次应注意土体内部岩性差界面。

(6)应注意调查滑动体上或其邻近的建、构筑物(包括支挡和排水构筑物)的裂缝,但应注意区分滑坡引起的裂缝与施工裂缝、不均匀沉降裂缝、自重与非自重黄土湿陷裂缝、膨胀土裂缝、温度裂缝和冻胀裂缝的差异,避免误判。

(7)调查滑带水和地下水情况、泉水出露地点及流量、地表水自然排泄沟渠的分布和变迁情况等。

(8)围绕判断是首次滑动的新生滑坡还是再次滑动的古(老)滑坡进行调查。古(老)滑坡的识别标志见表2-1。

(9)当地整治滑坡的经验和教训。

(10)所有调查内容填写在"滑坡调查表"(见附表)上。

2.5.2　崩塌调查要点

(1)崩塌区地形地貌、地层岩性、节理等结构面产状;

(2)崩塌堆积物组成及其特点;

(3)崩塌源危岩体大小、破坏模式、所处高度、可能的崩塌后运动轨迹;

(4)威胁对象类型、财产金额、人数。

(5)填写"崩塌调查表"(见附件)。

表 2-1 古(老)滑坡的识别标志

标志		内容	等级
类别	亚类		
宏观形态	宏观形态	1. 圈椅状地形	B
		2. 双沟同源	B
		3. 坡地后缘出现洼地	C
		4. 大平台地形(与外围不一致、非河流阶地、非构造平台或风化差异平台)	C
		5. 不正常河流弯道	C
微观形态	微观形态	6. 反倾向台面地形	C
		7. 小台阶与平台相间	C
		8. 马刀树	C
		9. 坡体前方、侧边出现擦痕面、镜面(非构造成因)	A
		10. 浅部表层坍滑广泛	C
新层	老地层变动	11. 明显的产状变动(排除了别的原因)	B
		12. 架空、松弛、破碎	C
		13. 大段孤立岩体掩覆在新地层之上	A
		14. 大段变形岩体位于土状堆积物之中	B
	新地层变动	15. 变形、变位岩体被新地层掩覆	C
		16. 山体后部洼地内出现局部湖相地	B
		17. 变形、变位岩体上掩覆湖相地层	C
		18. 上游方出现湖相地层	C
变形等	变形等	19. 古墓、古建筑变形	C
		20. 构成坡体的岩体结构零乱、强度低	B
		21. 开挖后易坍塌	C
		22. 斜坡前部地下水呈线状出露	C
		23. 古树等被掩埋	C
历史记载材料		24. 发生过滑坡的记载和口述	A
		25. 发生过变形的记载和口述	C

注：属 A 级标志，可单独判别为属古、老滑坡；二个 B 级标志或一个 B 级、二个 C 级，或 4 C 级可判别为古、老滑坡。迹象越多，则判别的可靠性越高。

第 3 章

野外地质工作方法

3.1 野簿记录格式

3.1.1 记录主要内容

主要内容包括基站、日期、天气、路线、任务、手图号、航片号、参加人员、定点。

(1)日期可写为年、月、日;天气比如晴、阴、小雨等;地点可写为野外基站。

(2)路线:从工作起点到工作终点。

(3)任务:例如观察描述岩性组合特征、地层厚度、接触关系、沉积相标志及含化石情况;作 1:5000 信手地层柱状图;绘制典型地质现象素描图;以组为单位,系统采集岩石标本。

(4)手图号:为了方便资料抽查。

(5)参加人员,分工要写明白,如记录人、掌图人等。

3.1.2 定点记录格式

定点包括点号、坐标与 GPS、点位、露头、点义、描述、接触关系及依据、点间、路线小结等。

(1)点号:比如 N001,注意另起一行居中。

(2)坐标与 GPS:可以用 GPS 定出,坐标可以在地形图上读出。

(3)点位:可根据明显地形、地物(如冲沟、山顶、山脊、鞍部、坡度变化处、道路交叉口、河流转弯处、桥孔等)定点,例如:八角寨垭口公路旁。当地质点的位置不是正好处于上述明显的地形、地物附近,则可以采用方位、距离或方位、高程来辅助定点,例如,285 高地 NE15°方向 20 m;滴水岩 W275°方向,高程 275 m。

(4)露头:包括露头的性质,露头程度的评价。

(5)点义包括地层界线点、岩性分界点、岩性控制点、构造观察点、水文地质点等。

(6)描述:对界线点处的描述,具体应对界线点两侧岩性分别描述(先已知后未知,描述内容包括颜色、成分、结构、构造、岩层产状、标本等);对断层观察点,除分别描述两盘岩性、产状外,要重点描述断裂带特征、产状及力学性质。

(7)接触关系及依据:包括接触关系的性质及其依据。

(8)点间：主要用于分段。

(9)路线小结：包括工作量、认识以及存在的问题及建议。

3.2 野外手图勾绘内容与野簿记录格式说明

3.2.1 野外手图勾绘内容

野外手图勾绘具体包括以下内容。

(1)地质路线用绿色虚线标绘，实测剖面线用黑色实线标绘及剖面地质代号。

(2)地质点，用直径1~2 mm的小圆及点号表示，一般标记在地质点的右下方。

(3)地质点上所观测到的岩层产状和各种面理产状。

(4)地质界线，包括地层单位之间的分界线、断层线、岩性岩相分界线、侵入体侵入界线、含矿层界线、地貌单元之间分界线等，勾绘时需要遵循"V字形法则"，以及野外展布情况。

(5)地质体填图单位，包括各种正式和非正式填图单位、代号及岩性岩相代号或花纹。

(6)各类样品采集点及编号。

3.2.2 野簿记录格式说明

每天新开始一页进行野簿记录。应记录日期、工作区、天气情况，其中工作区记录工作站或填图地区；点位应以观察点附近的高程点、村庄或其他固定地物标志。样品、素描图、照片编号要跟着点走。例如B0012-1(0012号点第一号标本)、D0012-2(0012号点第二张照片)。

记录本右面做文字记录，左面做素描图、路线剖面或者附贴照片，必要时也可以作简要文字批注或补充记录，摄影资料记在相应地质观察记录之后，应注意底片编号或数码相机编号、摄影对象和内容及方位，凡图上有路线通过的地点必须有文字记录。

次日的观察记录或工作小结应另起一页。记录本内不得记录与野外地质调查无关的内容。

产状标记法(记录或信手剖面)应该注明是什么产状，如层理、断层面、枢纽等。

描述记录中几个不能少：岩性描述不能少；产状不能少；标本不能少；素描或照片不能少；接触关系及依据不能少；信手剖面不能少；点间连续描述不能少；小结不能少。

文字记录使用2H或1H铅笔，数据修正不能擦除，用双划线再改正。重要数据整理日记时着墨。

3.3 信手剖面图与素描图绘制规范

信手剖面图绘制的内容包括：图名、方位、比例尺、图形、图例。

信手剖面图绘制的要求：要求在野外绘制地形线、分层线、分组线、标本采集地、产状等；内容准确，布局合理，图面美观，合乎规范。

素描图绘制规范主要为素描图格式与要素，包括图名、方位、比例尺、数字和线段比例尺、岩性花纹、各类产状、地层代号与各类符号。

信手剖面图的绘制步骤如下：

（1）在地形图上读出预定的地质路线，按照设定的比例尺在野外记录本方格纸上做出图切地形剖面，作为野外观察和修正的基础图形。

（2）根据沿途观察及步测或目测，按比例尺标出地层界线、断层和重要地质界线的分界点。根据剖面图方位和产状画出地层、断层和其他必须表示的地质界线，地质界线长度一般为 1.5~2.0 cm。

（3）平行地层界线填绘地层的岩性花纹（长度一般为 1~1.5 cm），标注岩层序号和地层代号。

（4）将测量的产状和采集的标本标注在剖面图上，其位置分别与测量或采集地点相对应。

（5）标注比例尺、剖面图方位、图名、图例和地物名称。

3.4　地质罗盘使用

3.4.1　地质罗盘的基本结构

地质罗盘（简称罗盘）是地质工作者野外地质工作中必备的工具，借助它可以测量方位、地形坡度、断层面产状、节理产状、地层产状、确定地质点等，因此每一个地质工作者都应熟练地掌握罗盘的使用方法。罗盘的式样很多，但结构基本是一致的。我们常用的罗盘是八角罗盘，由磁针、刻度盘、瞄准器、水准器等组成（图 3-1）。它们的主要构造及功能如下。

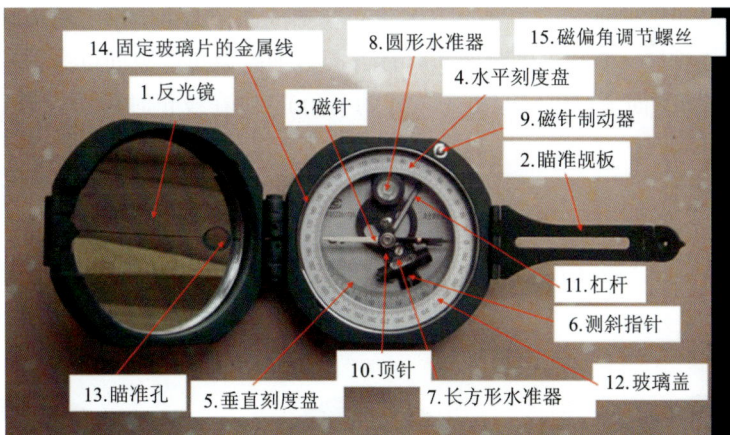

图 3-1　罗盘结构示意图

（1）磁针。为一根两端尖的磁性钢针，安装在底盘中心的顶针上，可自由转动，用来指示南北方向。由于我国位于北半球，磁针两端所受磁场吸引力不等，为求磁针受力的平衡，生产商在磁针的指南针一端绕上若干圈铜丝，用来调节磁针受力的平衡，同时也可以借此来标记磁针的南、北针。

（2）水平刻度盘，也称圆刻度盘，用来读方位角。在测量时，由于地形地物不可人为移动，而测量操作时磁针也始终指向南北，测量者只能转动罗盘，当罗盘向东转时，磁针相对向西偏转，故罗盘刻度盘度数的标注按逆时针方向刻注度数，这样就可以从刻度盘上直接读出实际的地理方位。

（3）垂直刻度盘，也称半圆刻度盘，刻在罗盘的方向盘上，用来测量倾角和坡度角。半圆刻度盘以水平为0°，以垂直为90°。

（4）瞄准觇板。在测量方位角时用来瞄准所测物体，使被测物体、瞄准觇板和观察者三点在一条直线上。

（5）反光镜、瞄准孔和中线。反光镜起映像作用，瞄准孔和中线用以瞄准被测物和控制罗盘，以控制测量的精度。

（6）圆形水准器和长方形水准器。前者用来保持罗盘水平，后者用来指示测斜指针保持铅直位置。

（7）磁针制动器。起固定磁针作用，以保护顶针，减少磨损。

（8）磁偏角调节螺丝。用来转动刻度盘，校正磁偏角。

3.4.2 罗盘的使用方法

1. 校正磁偏角

由于地球的磁南北极（或磁子午线）与地理的南北极（或真子午线）不相重合，产生磁子午线与真子午线相交，其交角称为该地的磁偏角（图3-2）。地球表面各地的磁偏角都不一样。我国大部分地区的磁偏角都是向西偏，只有极少数地区（如新疆）是东偏，秭归的磁偏角大约为西偏4°。用罗盘测出的方位角是磁方位角，而地形图采用的是地理坐标，为了能够从罗盘上直接读出地理方位角，在一个地区工作前，先要根据地形图提供的磁偏角对罗盘进行校正。磁偏角的校正方法如图3-2所示，如果磁偏角向西偏时，用小刀或螺丝刀按顺时针方向转动磁偏角校正螺丝，使圆刻度盘向逆时针方向转动磁偏角度数即可。若地形图上提供了真子午线收敛角（即图面坐标纵线与真子午线的夹角），则在校正时再加上这个角（图3-2）。

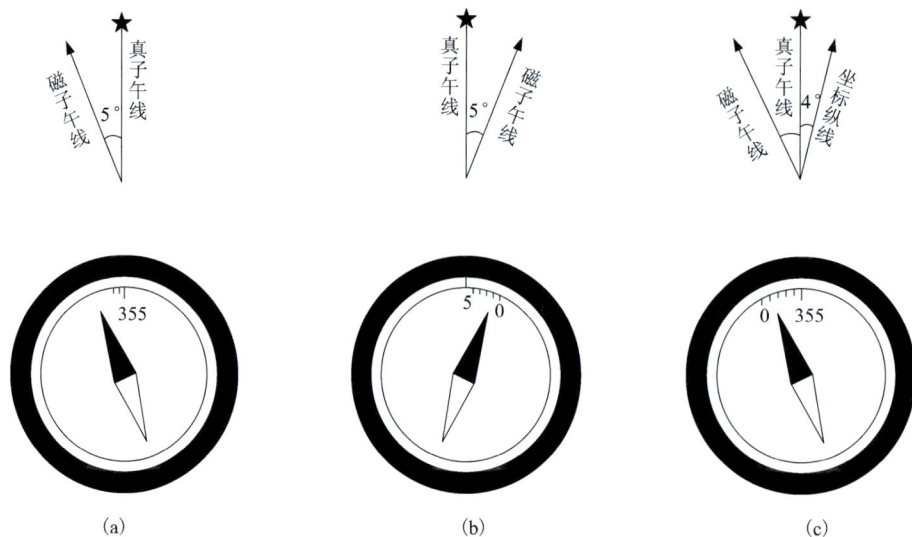

图3-2　罗盘磁偏角的校正图

（a）磁偏角西偏5°；（b）磁偏角东偏5°；（c）秭归的磁偏角西偏4°

2. 测量方位角

测量方位角的步骤是：打开罗盘盖，旋松制动螺丝，让磁针自由转动；手握罗盘，并置于胸前，保持罗盘水平；罗盘长瞄准器对准物体；转动反光镜，使物体和长瞄准器都映入反光镜，并从反光镜观察到物体、长瞄准器上的短瞄准器的尖端与反光镜中线重合，此时须稳定姿势等待磁针稳定即可读数；按下制动螺丝，读取方位角数据。

3. 面状、线状的产状要素测量

野外常用罗盘测量各种面状和线状构造。面状有包括岩层的层面、节理面、褶皱的轴面等。面状构造的产状要素主要有走向、倾向和倾角，如图 3-3 所示。线状主要包括褶皱的枢纽、断层面上的擦痕等。线状构造的产状要素主要有侧伏向、侧伏角、倾伏向、倾伏角，如图 3-4 所示。

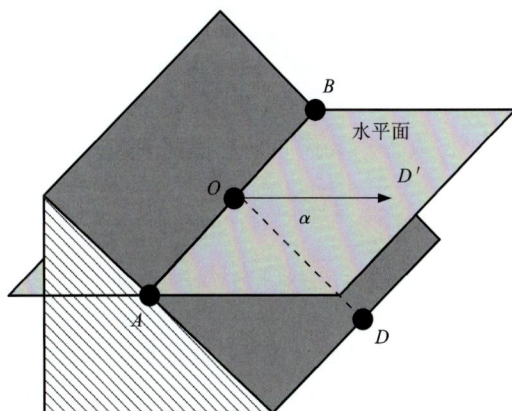

图 3-3　面状构造产状要素

OA、OB 为走向；OD' 为倾向；α 为倾角

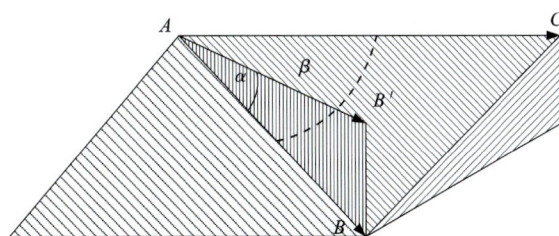

图 3-4　线状构造产状要素

AC 为侧伏向；β 为侧伏角；AB' 为倾伏向；α 为倾伏角

面状构造的产状测量，以岩层层面的产状测量为例。测量走向时，将罗盘的南北向边与岩层面紧贴。然后慢慢转动罗盘。使圆水准器气泡居中，磁针停止摆动，这时磁针所指度数即为岩层走向。测量倾向时，将罗盘上盖或与上盖靠近的底盘东西向边与岩层面紧贴，然后慢慢转动罗盘，使圆水准器气泡居中，磁针停止摆动，这时磁针所指度数即为岩层倾向。当测量完倾向后，马上把罗盘转动 90° 放置。使罗盘的长边紧靠岩层面，转动罗盘底盘面的手把，使罗盘水准器（长水准器）气泡居中，这时测斜器上的游标所指的半圆盘上的度数即为倾角度数。如图 3-5(a) 所示。当需要测量岩层的下层面时，其磁针度数方向要与测岩层上层

面时相反，倾角测量方法和上层面相同，如图3-5（b）、（c）所示。由于走向与倾向的度数差为90°，因此在实际操作时只需要测量倾向和倾角即可。若被测岩层的层面凹凸不平时，可以把野簿置于岩层面上，当作平均岩层面以提高测量的准确度和代表性。

线状构造的产状测量以断层面上的擦痕为例。断层擦痕定出现在断层面上，断层面走向线与擦痕所夹锐角一端所指的方向为侧伏向，如图3-4中的AC所指方向。侧伏向AC与擦痕AB之间的夹角则为侧伏角，如图3-4中的β。擦痕AB的水平投影AB′所指的方向则为倾伏向，擦痕AB与倾伏向线AB′之间的夹角则为倾伏角，如图3-4中的α。

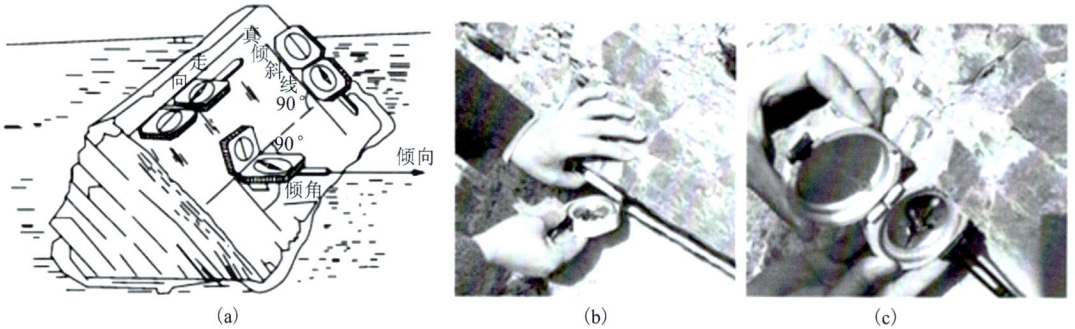

图3-5 岩层产状要素测量图
（a）岩层上层面产状测量方法；（b）、（c）岩层下层面产状测量方法

4.测量地形的坡度

地形的坡度是指地形起伏面与水平面的夹角。测量坡度的方法是：在测量坡度区段的两端各站一人手握直立张开的罗盘；长瞄准器指向测量者的眼睛（图3-6），视线从长瞄准器通过反光镜的椭圆小孔，瞄准被测人的头部，并使短瞄准器尖端与椭圆孔中线重合；转动底盘面上的手把，使罗盘水准器（长水准器）气泡居中，这时测斜器上的游标所指的半圆盘上的度数即为地形的角度数。除此之外，罗盘还可用于草测地形图和制作路线地质图。

图3-6 坡度测量的方法

第4章

秭归实习区地质背景

4.1 自然地理与气象水文

秭归县地处湖北省西部，长江西陵峡两岸。东与宜昌夷陵区交界，南同长阳土家族自治县接壤，西临巴东县，北接兴山县。县境东西距离66.1 km，南北距离60.6 km。实习区处于我国三个阶梯的第二阶梯，大巴山山系的东端，属长江上游下段的三峡河谷地区的鄂西南山区。山脉走向为NE—SW，或者是NW—SE向。

4.1.1 气候

秭归地处中纬度，属亚热带大陆性季风气候，温暖湿润、光照充足、雨量充沛、四季分明、初夏多雨、伏秋多旱，冬春少雨雪。不同海拔地带气温相差较大，年平均气温6~18.3℃。最高温多出现在7月，最低温出现在1月。全年无霜期平均260天左右，实习区由于高山夹峙，下有水垫，因此600 m以下形成逆温层，即在冬天形成沿江两岸的冬暖带，极端最低温度只有-3℃，有利于柑橘，特别是脐橙的生长。

4.1.2 降水及蒸发

秭归县内年降水量950~1590 mm，平均1439.2 mm。每年6~8月降水量大，常有大到暴雨，容易造成洪涝灾害和水土流失。11、12、1、2月份降水量最小，月降雨量及峰期随不同海拔高程而不同。

年均蒸发量多于降水量，河谷区平均蒸发量1429.4 mm，8月份蒸发量最高，平均为214.8 mm。

4.1.3 水文

区内河流水系发育，在未建库前，境内长江水面宽150~300 m，流速1.5~2.0 m/s，正常流量0.3~0.5万 m³/s，多年平均流量1.4万 m³/s。

秭归县境内河流水系发达，溪河网布，水资源较为丰富，长江横贯县境64 km，有常流溪河135条，江南有清港河、童庄河、九畹溪、茅坪河，江北有龙马溪、香溪河、良斗河、泄滩河，形成以长江为骨干的"蜈蚣"状水系。

4.1.4　自然资源

实习区秭归县全境面积 364 万亩(1 亩 ≈ 666.667 m²),其中森林占地 51.27%,水面 4.12%。

矿产资源主要有:煤、金与金银矿、铁矿、地热;此外还有锰矿、铜矿、铅锌矿、石膏、磷矿、石灰石等矿产。

2014 年,湖北省地调院实行秭地 1 号井,首次在湖北秭归地区下寒武统水井沱组,和下震旦统陡山沱组获得明显的页岩气显示。2015 年实施的秭地 2 井,在两个目标层进行了钻探,取得了重大页岩气发现,由此拉开了该地区页岩气勘查序幕。2017 年 7 月 7 号,原国土资源部中国地质调查局,在湖北省宜昌鄂宜页 1 井页岩气调查重大突破成果研讨会上透露,首次在形成于约 6 亿年前的震旦系陡山沱组发现页岩气藏,是迄今全球发现的最古老地层中的页岩气。

4.1.5　水力资源

境内水系发育,除长江外,发育多条河溪,其中 8 条水系水能蕴藏量 17.20 万 kW,可开发量 6.06 万 kW,已部分开发,仍有巨大开发潜力。

2018 年,秭归县境内地表水资源量为 11.19 亿 m³,地下水资源量为 5.15 亿 m³。县内供水量均为地表水,总供水量为 0.63 亿 m³,其中工业用水 0.16 亿 m³,农业用水 0.22 亿 m³,生活用水 0.25 亿 m³。县内共有水库 20 座,总库容 8460 万 m³,堰塘 1763 个,蓄水总量 828 万 m³,全县有效灌溉面积 22.25 万亩。

4.1.6　交通

秭归县境内拥有长江黄金水道 64 km、高速公路 1 条、国道 1 条、省道 5 条,公路网遍布全县各乡镇,交通比较便利,是渝东鄂西的交通枢纽,长江上游的交通咽喉。

4.2　地形地貌

实习区地处大巴山、巫山余脉和八面山坳会合地带。长江自西向东流经该区,形成峡谷型河谷地貌。境内地形起伏,重峦叠嶂,总体地形自北西向东南、两岸分水岭向长江河谷呈阶梯状下降。周边相对较高地形为南部的云台山。著名的三峡景观大部分已淹没于库水之下。

实习区位于扬子地块黄陵背斜之南缘,鄂黔台褶带和四川台向斜两个二级构造单元的分界过渡地段,具体落实在鄂黔台褶带之黄陵背斜中。

4.3　地层岩性

4.3.1　变质岩

实习区内变质岩主要有三个组,分别是太古宇古村坪岩组、古元古界小以村岩组及中新元古界庙湾岩组。古村坪岩组主要岩性为花岗质片麻岩夹斜长角闪岩。小以村岩组主要为细粒长英质黑云斜长角闪条带状混合岩、条带状细粒黑云斜长角闪岩，以及蚀变细粒黑云角闪斜长片麻岩。庙湾岩组主要为斜长角闪岩、石英岩和大理岩等。这些变质岩多属于中级变质岩，变质相为角闪岩相。

4.3.2　岩浆岩

区内岩浆岩主要为黄陵岩基，它的出露面积约 560 km^2，该岩基为一大型复式岩体，为多期次侵入而成，从超基性到酸性各类岩石都有，岩体不仅种类多，构造现象也极为丰富，是观察研究岩浆岩的最佳场所。实习区位于该岩基的南端，分为两个超级单元，一个是茅坪复式岩体，一个是黄陵庙复式岩体，其中茅坪复式岩体，以陈家冲黑云角闪英云闪长岩为代表；黄陵庙复式岩体以小滩头似斑状岩体为代表。

实习区黄陵庙复式岩体主要有三个岩体：①小滩头岩体，为似斑状二云母正长花岗岩；②青鱼背岩体，为中粒白云母二长花岗岩；③三斗坪岩体，为中粒黑云母花岗闪长岩。

实习区茅坪复式岩体：①东岳庙岩体，为灰色中细粒黑云斜长花岗岩；②堰湾岩体，为灰白色粗粒黑云母英云闪长岩；③太平溪岩体，为深灰色中粗粒黑云角闪英云闪长岩；④中坝岩体，为灰色中细粒黑云母石英闪长岩；⑤兰陵溪岩体，为灰黑色细粒中细粒黑云母角闪石英辉长岩。除此之外还有岩脉。岩浆岩脉体以花岗岩岩脉和伟晶岩岩脉为主，辉绿岩岩脉次之。

4.3.3　沉积岩

实习区地层出露较全，自前寒武系至白垩系、第四系，仅缺失古近系和新近系地层。

1. 南华系与震旦系

南华系与震旦系，地层分布比较广泛，是实习区重点观测的地层。

南华系与震旦系的划分：南华系有莲沱组、南沱组；震旦系有陡山沱组和灯影组。南华系和震旦系出露的位置，主要分布在黄陵岩体周边，实习区东部与南部的高家溪、花鸡坡一带，直接覆盖在岩基之上，中部的翼家湾则覆盖于崆岭群之上，其中泗溪与高家溪出露较全，局部地段莲沱组变薄或者是缺失。

南华系莲沱组，主要见于黄陵岩体周边，为一套紫红色陆相碎屑沉积物。

南华系南沱组，主要见于黄陵岩体周边，为一套灰绿色冰碛岩。

震旦系陡山沱组，见于黄陵岩体周边，它的特点有四段，这四段的特征是"两白两黑"，我们称之为陡一、陡二、陡三和陡四。陡一又称之为盖帽白云岩，颜色为白色；陡二为黑色薄层的泥质白云岩，含有围棋子状的硅磷质结核，以及瓮安生物群和页岩气；陡三为白色的薄层到中厚层的白云岩；陡四为黑色、灰黑色灰岩，又称之为锅底灰岩或者是飞碟石，含白云岩透镜体，夹炭质泥岩或者是页岩，并产有劣质的煤。

震旦系灯影组，见于黄陵岩体周边，地层特征有三段，"两白夹一黑"。第一段蛤蟆井段，它的特征是灰白色中厚层细晶白云岩；第二段石板滩段，它的特点是灰黑色薄层灰岩夹泥质灰岩，含有埃迪卡拉生物动物群；第三段白马沱段，它的特点是灰白色至白色中厚层到厚层细晶白云岩。

2. 寒武系

寒武系是实习区分布最广的海相地层，是实习区重点了解的地层，由于寒武系在区内主要分布于南侧，地势陡峻，能看到的地层包括岩家河组、水井沱组、天河板组、石龙洞组、覃家庙组及娄山关组。

岩家河组为灰色薄层到中厚层泥质白云岩，白云岩与土黄色灰质泥岩互层，夹有灰褐色硅质条带，发育小壳动物群，其中软舌螺类为第一个带壳生物群，作为寒武纪的起点。

水井沱组为炭质粉砂质泥页岩夹有硅质白云岩，白云质灰岩透镜体称之为锅底灰岩，含有页岩气。

天河板组为浅灰色薄层含泥质条带灰岩。

石龙洞组位于天河板组之上，为中厚层白云岩。

覃家庙组位于石龙洞组之上，为一套薄层的白云岩。

娄山关组位于覃家庙组之上，是寒武系的最上面一个组，它相当于三游洞群。它的特征是厚层细粒白云岩及角砾状白云岩，含有叠层石、缝合线等构造现象。

3. 奥陶系

奥陶系是一套海相沉积物，能看到的组有南津关组、分乡组、红花园组以及大湾组，实习区有两个组看不到，就是在大湾组之上的牯牛潭组、庙坡组。再往上的有宝塔组和五峰组。

南津关组的特征是厚层状灰黑色含藻屑的灰岩。

分乡组位于南津关组之上，为灰色中薄层状生物碎屑灰岩，鲕状灰岩夹泥岩、页岩。

红花园组位于分乡组之上，它的特征是灰色中薄层状生物碎屑灰岩。

大湾组位于红花园组之上，它的岩性特征是灰到灰绿色，中厚层状泥质灰岩夹灰绿色泥岩、页岩，化石极为丰富，4.72 亿年的大平阶黄花场金钉子就在该层位。该金钉子是奥陶系最后一颗，标志着全球奥陶系年代地层的最终建立，这也是世界第 66 枚，中国第 7 枚，宜昌第 2 枚金钉子。

宝塔组为灰色中厚层紫色的，或者是黄色的白云质灰岩、瘤状灰岩，也称为网状泥灰岩，地层中常有震旦角石，可以用作观赏石收藏。

五峰组在宝塔组之上，它是一套黑色的页岩夹薄层的硅质岩，产有丰富的笔石化石，4.54 亿年的赫南特阶金钉子，位于该组的观音桥段。

4. 志留系

志留系是一套海相沉积物，能看到的地层有新滩组、罗惹坪组和纱帽组。

新滩组是一套黄绿色的页岩、泥岩夹少量的薄层粉砂岩。

罗惹坪组位于新滩组之上，它的岩性特征为灰绿色薄层状泥岩到中薄层的粉砂岩互层产出，中间夹有灰岩透镜体。

纱帽组位于罗惹坪组之上，为一套灰绿色粉砂质泥岩与紫红色泥岩互层，往上夹紫红色薄层至中厚层砂岩且逐渐增多。

5. 泥盆系

泥盆系是一套滨海相沉积物，能看到的地层有云台观组和黄家磴组。

云台观组为灰白色厚层状到中厚层状细粒石英砂岩，因其具有漂亮的沉积构造，被用作观赏石，冠名三峡石。

黄家磴组为灰白色薄层细砂岩、粉砂岩夹泥岩，这个组当中产有鲕状赤铁矿，在我们国家被称之为宁乡式铁矿。

6. 石炭系

仅出露上统大塘组和黄龙组。

大塘组为厚–中厚层粉晶白云岩、砾屑白云岩。

黄龙组为厚层–块状生物碎屑砂砾屑泥晶灰岩、亮晶灰岩。

7. 二叠系

二叠系是一套海陆交互到海相的沉积物，能看到的地层有梁山组、栖霞组、茅口组和吴家坪组。

梁山组的特征是底部为中厚层细砂岩、粉砂岩、泥岩及煤，上部是黑色的薄层泥岩夹灰岩。

栖霞组为深灰色厚层到块状生屑微晶灰岩夹泥质灰岩及燧石团块，因含大量生物碎屑，敲击后有臭味，又称之为栖霞臭灰岩。因其颜色深于上覆的茅口组，被称之为"黑栖霞，白茅口"。

茅口组为浅灰色厚层到块状含泥生物泥晶灰岩，局部夹有燧石条带，富含蜓类化石，为浅海沉积环境。

吴家坪组的特征是底部有约 1.4 m 厚黄褐色碎屑岩，往上为深灰色中厚到厚层状含燧石结核，或者条带状生物碎屑灰岩、泥质团块生物碎屑灰岩等等。

8. 三叠系

本区三叠系是一套海相碳酸盐沉积为主的地层，自上而下划分为大冶组、嘉陵江组、巴东组、沙镇溪组。其与下伏二叠系整合接触。

大冶组可分为四段。一段为浅灰色薄至厚层泥晶灰岩夹黑色钙质泥岩；二段为灰色中厚层泥晶灰岩夹纸片状钙质泥岩；三段为灰色薄层泥晶灰岩，缝合线构造发育；四段为灰色中–厚层状鲕粒灰岩。

嘉陵江组据其岩性组合可划分为三个岩性段。嘉陵江组一段为灰色中–厚层微晶白云岩夹淡紫色薄层状泥晶白云岩；二段为灰色、浅灰色中–薄层泥晶灰岩夹紫灰色微晶白云岩及角砾状灰岩，产远安龙、南漳鳄、江汉蜥等海生爬行动物化石；三段为灰色、灰黄色中–厚层灰质白云岩夹薄层状微晶灰岩及白云质灰岩。

巴东组按照岩性特征可分为三段。一段为土黄色灰质泥页岩夹灰色透镜状、条带状灰岩；二段为灰绿色粉砂质泥页岩夹薄层状泥灰岩；三段主要岩性为紫红色厚层泥质粉砂岩、粉砂质泥页岩互层，局部夹钙质团块。

沙镇溪组为一套灰黄色长石石英砂岩、薄层砂岩、粉砂岩，夹黑色炭质泥岩、煤层。

9. 侏罗系

侏罗系主要分布于黄陵穹隆两侧的荆门—当阳盆地、秭归盆地。根据岩石组合特征、层序关系及古生物化石资料，自下而上划分香溪组、泄滩组。与下伏三叠系整合接触。

香溪组是著名的华南下侏罗统典型岩石地层单位，因含煤而出名。其特征是底部为深灰色砾岩、含砾石英砂岩、中粗粒石英砂岩，中部为灰黄色细砂岩、粉砂岩及泥页岩互层，上部为灰黄色细砂岩、粉砂岩、泥岩夹煤层。

泄滩组由下至上分为两段。下段：下部为灰黄色细粒石英砂岩、薄层泥岩，局部夹粉砂岩；中部以黄绿色薄–厚层钙质泥岩、粉砂岩夹炭质泥岩；上部为黄绿色钙质泥岩、泥灰岩夹含钙质细砂岩。上段：下部为灰黄色厚层细粒石英砂岩、薄层泥岩，局部夹粉砂岩；中部以黄绿色厚层泥岩为主，夹粉砂岩、石英砂岩及紫红色泥岩；上部为深灰色、灰绿色泥岩夹粉砂岩，偶夹灰岩、泥灰岩。

10. 白垩系

秭归地区白垩系分布较广，出露齐全。自下而上划分为石门组、五龙组、罗镜滩组、红花套组。与下伏侏罗系呈角度不整合接触。

石门组自下而上将该组划分为三段。一段以砖红色中–薄层状泥质粉砂岩间夹两层含砾细砾石英细砂岩的出现为底界标志；二段以灰白色、浅棕黄色巨厚层状砾岩的出现为标志，主要岩性为紫红色中层夹厚层粗砂岩、砂砾岩透镜体，与灰白色薄层状中粒石英砂岩、少量含炭质粉砂岩不等厚互层；三段以棕红色中–厚层状含砾粗砂岩的出现为标志。

罗镜滩组下部为厚层块状砾岩，夹砖红色块状含灰绿色极薄粉砂岩条带的泥质粉砂岩；中部为厚层块状砾岩，夹紫红色砂砾岩及含砾砂岩透镜体；上部为紫红–灰色块状巨砾岩。

红花套组以砖红色、橘红色泥质粉砂岩的出现为标志。下部岩性为紫红色块状含泥质粉砂岩；上部以鲜艳的棕红色、橘红色中厚层状泥质细粒石英砂岩、砂砾岩、泥质细砂岩为主体，夹有泥质细砂岩及粉砂岩、泥岩。

4.3.4　第四系

零星分布于河谷阶地、各级剥夷面、斜坡凹地等处，多种成因类型，其中以冲积及残、坡积分布最多。

下更新统（Q_1）：棕红色亚黏土及砾石，残留于最低一级夷平面上及相应的盆地内。

中更新统（Q_2）：棕黄色亚黏土含砾石或上部亚黏土、下部砾石层，主要分布于河谷五级至三级阶地上。

上更新统（Q_3）：黄褐色黏土，亚黏土和砂砾石，多具二元结构，断续分布于河谷二级阶地上。

全新统（Q_4）：成因较复杂，除分布于河谷一级阶地，漫滩的冲积亚砂土、砂、砾石层和少量淤泥质土外，斜坡地带多分布残积、坡积含碎石粉土或碎石土等。

4.4　地质构造

主要构造区内构造种类齐全，褶皱断裂构造发育。黄陵穹隆是本区规模最大的褶皱构造，核部长约 64 km，宽约 35 km，核部地层为太古宇中下元古界的区域变质岩，以及后期侵入的黄陵岩基，两翼为沉积盖层，依次为南华系、寒武系、奥陶系等地层。以核部地层为中心，盖层均向四周倾斜，倾角多为 25°～35°。由于实习区位于黄陵穹隆的南缘，因穹隆皱迹近南北，本区成为黄陵穹隆南端大型转折端的一部分，并控制了本区基本的褶皱构造格架，造成实习区内东侧地层向东倾斜，南侧地层向南倾斜，西侧地形西南倾的构造特点。本区基本构造框架主要是在侏罗纪末的燕山运动作用下形成的，大致以黄陵地块古老的结晶岩基底为核心，周围发育一系列弧形褶皱，如北面的大巴山、大洪山弧形褶皱带，西南及南面的上扬子台褶带，北东面的八面山弧褶带及长阳褶带等。

4.4.1　褶皱构造

1. 黄陵背斜

西半部构造形迹展布在太平溪至香溪一带，由砥柱和脊柱两部分组成。砥柱（基底）为古老的崆岭片岩及花岗岩，脊柱（盖层）为黄陵背斜（轴向为北 17°E），实习区内南北轴长 26 公里（全长 120 km），东西宽 13 km（总宽度 85 km）。西翼岩层产状倾角较陡（30°~40°）；东翼岩层产状倾角较缓（8°~15°）；南北端倾伏角小于 15°。黄陵背斜出现在燕山期以前，于燕山期定型并继续发展，其构造形变较强烈，两侧形成盾地，实习区内只有西侧盾地，即秭归向斜。

2. 秭归向斜

构造形变较弱，其轴向为北偏东 10°~20°。由于受新华夏系构造的干扰和改造，使其轴线发生了"S"变形，向斜西翼倾角 30°，和东翼倾角 25°。整个秭归向斜平缓开阔，由侏罗系内陆湖相地层所组成。

3. 平卧褶皱和箱状褶皱

主要有九畹溪平卧褶皱、上冀家湾处的平卧褶皱，以及九曲脑箱状褶皱等，规模较小。

4.4.2　断裂构造

本区断层发育，各类断层均有发现。区域性大断裂有仙女山断裂、九畹溪断裂、新华断裂、天阳平断裂、水田坝断裂、牛口断裂、都镇湾断裂等。伴随较大断裂的差异活动形成断陷、坳陷盆地，如远安、仙女山、恩施、建始等盆地，形成盆地内巨厚的白垩系—老第三系红色岩层。喜马拉雅运动进一步作用，使红层有轻微变形，局部断裂有微弱继承性活动。全区转入新构造运动时期的整体上升。

小规模断层主要代表有九龙湾地堑构造，滚石坳公路旁岩家河组与水井沱组中地垒式构造等。

4.4.3　节理构造

本区节理构造众多，按照节理力学性质划分，分为两类，第一类为张节理，第二类为剪节理。本区的张节理，主要为一些火炬状的张节理，尤其是泗溪公园灯影组最为典型。其次是雁行式的张节理，还有尖灭侧现的张节理。

区内剪节理也很发育。区域上印支期形成的 310° 方向剪节理控制着二叠系茅口组的岩溶作用。此外，在一些路线中也能见到一些剪节理，例如南沱组剪节理，斜穿了砾石。

4.4.4　构造演化

从地质历史演化来看，本区主要经历了五个构造活动阶段。第一个阶段为太古宙，3450~2600 Ma；第二个阶段为古元古代，2150~1850 Ma；第三个阶段为中-新元古代，1150~750 Ma；第四个阶段为南华纪到中生代（侏罗纪），750~200 Ma；第五个阶段为中生代（侏罗纪）至今，200~0 Ma。

（1）第一个阶段太古宙（3450~2600 Ma）。我国华南区域最古老的结晶基底，其形成经历了 3450~3200 Ma、约 2900 Ma、2700~2600 Ma 三个阶段。

（2）第二个阶段古元古代（2150~1850 Ma）。陆核对哥伦比亚超大陆聚合裂解过程产生响应，它经历了微陆块碰撞与裂解过程，A 型花岗岩标志着扬子克拉通完成克拉通化。

（3）第三个阶段中元古代–新元古代（1150~750 Ma）。中–新元古代形成庙湾组蛇绿杂岩（1100~974 Ma）。新元古代早期（960~870 Ma）神农架岛弧与扬子陆核发生拼合，导致庙湾组蛇绿杂岩的构造侵位。新元古代晚期（830~750 Ma）由加厚地壳深熔作用导致岩浆上侵，形成黄陵岩基，可以细分为三斗坪、大老岭、黄陵庙和晓峰四大岩体。

（4）第四个阶段南华纪–中生代（侏罗纪）（750~200 Ma），扬子古大陆遭受大规模的海侵，发生以海相沉积为主的沉积作用，其沉积地层整合或平行不整合的叠置和覆盖在黄陵地区的结晶基底和花岗岩岩基之上。在此期间实习区存在几个水平升降运动形成的平行不整合接触。第一个为南华系莲沱组与南沱组之间；第二个为南华系南沱组与陡山沱组之间；第三个为寒武系岩家河组与水井沱组之间；第四个为志留系纱帽组与泥盆系云台观组之间，这个就是著名的加里东运动；第五个是石炭系黄龙组与二叠系梁山组之间；第六个是二叠系茅口组与吴家坪组之间，这个被称之为东吴运动。三叠纪末期印支运动使得本地区发生水平抬升，由海相沉积（三叠纪）转为陆相沉积（侏罗纪）。

（5）第五个阶段中生代（侏罗纪）至今（200~0 Ma），由于结晶基底和岩基隆升，特别是 145 Ma 前后的快速隆升，形成了剥离断层，地层减薄，并伴随因形成背斜而产生的层间滑脱构造，四周的沉积盖层地层产状向外倾斜，形成了白垩系与下伏地层的角度不整合接触，顶盖的地层遭受剥蚀，形成至今的黄陵穹窿。

4.4.5 新构造运动与地震

新构造运动总体表现为鄂西山地大面积总体隆升，地震活动及断裂活动等特征。

1. 地壳隆升运动

自喜山运动以来，大致形成以南津关以西的川鄂山地大面积间歇性隆升，东部的江汉平原相对下降的格局。由于总体上升及间歇性稳定，形成三期五亚期剥夷面及长江下切产生的5~6 级阶地地貌。

根据山原期夷平面推算，200 万年以来，鄂西山地相对江汉坳陷，平均上升速率为0.5 mm/a。据长江河谷阶地推断，近 20 年来，平均上升速率为 0.3~0.4 mm/a。据三峡区大地水准测量资料，三峡地区在总体隆升背景上，重庆—万县段上升 5~9 mm/a；万县—秭归段下降 3~5 mm/a；香溪—宜昌段上升 2~4 mm/a。

2. 断裂活动性

区内未发现证据确凿的第四纪断裂，也未见新近沉积物变形及错断现象，断裂活动性主要表现为老断裂的继承性活动。

3. 地震活动性

该区早在公元前 143 年便有地震记录。近二千年来，距该区 200 km 以外，曾发生过 4 次6.5 级左右的地震，5 级以上的地震也都在距本区 130 km 以外。自开展三峡地区地震监测工作以来，至 1991 年共记录到 $M>3.0$ 级地震 61 次，距离本区最近 69~70 km 处，曾发生过 3次较大地震：

1961 年宜都潘家湾 4.9 级；

1969 年宝康马良坪 4.8 级；

1979 年秭归龙会观 5.1 级。

3 级以上地震活动与断裂构造关系密切，空间上具成带性特点：距本区较近的 3 个地震带。

远安—钟祥地震带，位于黄陵背斜东侧，距三峡大坝 55 km，该带曾发生 7 次 $M>4$ 级地震，马良坪地震位于此带。

秭归—渔关地震带，位于黄陵背斜西侧，距大坝 17 km，主要由仙女山、九畹溪断裂组成，30 多年来，记录 $M>1.0$ 级地震 93 次，潘家湾地震位于此带。

兴山—黔江地震带。位于黄陵背斜西侧，距大坝 50 km，主要由郁江断裂、齐岳山断裂等组成，30 余年记录 $M>1.0$ 级地震 202 次，龙会观地震位于此带。

区内平均震源深度约 11 km，89% 在 15 km 以内，属浅源地震。

实习区地震基本烈度为Ⅵ度。

4.5　水文地质

该区具有地层多样性、地质构造及地形条件复杂等特征，地下水赋存条件主要取决于地层岩性和构造条件。这里将地下水赋存条件及补、径、排形式归为如下类型：

1. 第四系孔隙含水岩类——孔隙水

各类成因的第四系堆积物，其孔隙中赋存大量孔隙水，因其堆积物分布厚度、成因、连续性和所处的地形条件不同而赋水程度不同。大气降水渗入含水层中成为孔隙水，孔隙水部分下渗到基岩中，部分在地形低洼处或接触带上以面状或泉点形式溢出地表。

2. 结晶岩含水岩类——裂隙水

分布于黄陵背斜的花岗岩、闪长岩体，发育多组构造裂隙，风化壳厚 10~50 m，存在大量风化裂隙，大气降水入渗赋存于裂隙及断层中，形成裂隙水。地下水沿裂隙向附近沟谷及低洼处渗流，并以面状或点泉形式排泄。泉水流量一般小于 0.5 L/s。地下径流模数为 7.46 L/(s·km^2)。

3. 碎屑岩含水岩系——裂隙孔隙水

由砂岩、泥岩组成的裂隙孔隙含水层。接受大气降水，地下水在岩层的构造裂隙风化裂隙中以脉状水流形式运动，大多呈无压流流动，地下水在沟谷、地形低洼处或接触带上以片状漫浸或泉水形式流出。泉流量一般较少，常小于 1 L/s。地下径流模数为 6.53 L/(s·km^2)。

4. 碳酸盐岩含水岩类——岩溶水

白垩纪至三叠纪各时期的碳酸盐岩，形成岩溶裂隙含水层。受大气降水补给，地下水在岩体裂隙及岩溶管道中以脉状、管状流形式流动。在一定条件下，形成独立的岩溶系统及补、径、排一体的水文地质单元。地下水在沟谷或地形低洼处、接触带处大多以泉的形式流出。

4.6　物理地质现象及工程地质条件

实习区发育的物理地质现象主要是由于岩石风化、岩溶、高陡斜坡、水库蓄水、矿山采掘而引发的水土流失、斜坡失稳、岩溶塌陷、水库地震及"三废"污染等问题。

4.6.1 岩石风化及水土流失问题

1. 岩石风化

实习区岩体风化后，残留一定厚度的风化残积土及厚层风化壳。尤其是结晶岩体风化后，形成典型的形貌特征及垂直分带性。

结晶岩体风化分带及特征如下。

(1)全风化带。

风化物质为疏松状态、砂土状及砂砾状碎屑，碎屑大小一般为2~10 mm，大部分矿物严重风化变异，如长石变成高岭土、绢云母及绿泥石或蒙脱石，黑云母水化后变为蛭石或蒙脱石，角闪石被绿泥石化，石英解体失去光泽等。风化层纵波速度为0.5~1.0 km/s，厚度一般为20~30 m。

(2)强风化带。

岩体原生结构破坏严重，呈半松散状态，以碎块石体夹坚硬至半坚硬岩石组成，块石含量20%~70%不等。除碎块石内部外，矿物已严重风化变异，只是程度较剧烈风化者轻，产生以水云母为主的次生矿物。风化层厚2~5 m，纵波速度为2.0~3.0 km/s。

(3)弱风化带。

弱风化带由坚硬、半坚硬岩石夹疏松碎块石组成，岩体整体结构为块状。主要裂隙面产生一定厚度的风化层，从上至下裂隙面风化层厚度从几厘米到几十厘米不等。矿物风化变异较轻，产生以水云母为主的次生矿物。岩体较完整，具有较高强度。纵波速度为3.1~5.5 km/s。相对较均一，透水性明显减弱。

(4)微风化带。

微风化带由坚硬岩石组成，仅沿裂隙面有锈黄色风化变色现象，出现少量绢云母，发育1 mm左右的风化皮，少数风化皮厚达数厘米。纵波速度为4.6~5.6 km/s。

沉积碎屑岩及灰岩风化特征与结晶岩有很大不同，各带矿物变异特征很难辨识，主要表现为岩体解体破碎程度不同而表现不同的结构特征。风化残积物厚度因地形差异而使各处差别很大。

2. 水土流失

实习区风化残留物厚度以及地形、植被不同，水土流失在不同地段有很大差别，出现不同程度的水土流失现象。表现突出者是结晶岩剧烈风化堆积厚度较大的丘坡地带，在大雨季节许多地段因产生坡面流而形成片状或浅冲沟形式的水土流失现象，平均侵蚀模数为5000 t/km^2。

4.6.2 岩溶及有关工程地质问题

1. 岩溶

实习区岩溶现象发育，常见岩溶地貌形态有岩溶谷、峰林、峰丛、洼地、漏斗、溶洞、地下暗河、落水洞、溶蚀槽隙等。

由于碳酸盐岩成分不同，结构构造及地质条件等差异，导致岩溶发育速度及强度差异，因而空间上岩溶发育存在较大差别。从岩性讲，可以概括为以灰岩为主、以白云岩为主和以泥灰岩为主的3种岩溶类型。

（1）以灰岩为主的类型。

该类型包括下三叠统、二叠系和下奥陶统，岩性主要有灰岩、白云质灰岩、生物碎屑灰岩等，其成分方解石占 70%~90%。岩溶相对发育，发育溶蚀的峡谷、岩溶洼地、落水洞、溶洞、峰丛、峰林等岩溶地貌形态。地下暗河、大泉多出露于此地层。

（2）以白云岩为主的类型。

该类型包括中石炭统，上泥盆统，中、上寒武统及上震旦统等。岩性以白云岩、结晶白云岩和泥质白云岩为主，岩溶发育程度较灰岩差。岩溶形态以密集的溶孔、溶隙为主，个别地方受构造等条件控制，发育小型溶洞。

（3）以泥灰岩为主的类型。

该类型包括中三叠统巴东组和中、上奥陶统。岩溶发育最差，岩溶形式以溶隙为主，其他形式少见。

受新构造运动影响，岩溶在剖面上分布呈层状特征，即水平溶洞分布在不同高程上，表现为与现代地壳升降运动相一致的规律性。

区内发育有一定规模的干枯溶洞，有犀牛洞、狮子洞、白岩洞、朝北洞等，洞深 50~2000 m不等，洞高 3~20 m，宽 20 m 以上。这些溶洞均发育有石钟乳等，洞内形态奇异多变。有水溶洞、暗河、落水洞共 28 处，主要分布在青干河及九畹溪两条支流上。暗河流量在 0.1~1.0 m/s，个别达 15~24 m/s。

2. 岩溶工程地质问题

实习区内主要岩溶工程地质问题有以下两个。

（1）坑道岩溶突水。

当采煤平硐揭穿有水溶洞时，引起突然的涌水现象。

（2）岩溶地面塌陷。

由于地下存在岩溶空洞，在地下水等因素作用下，产生地面下沉塌落的现象为岩溶地面塌陷，如秭归扬林区 1975 年 8 月 9 日到 17 日因岩溶塌陷产生地震，地震台观测到 1.0~1.9级地震 6 次，2.0~2.1 级地震 3 次。据群众反映，类似塌陷在 50 年和 30 年以前也有发生。

4.6.3　斜坡失稳工程地质问题

实习区因长江等深大河谷发育，加上交通线路开挖，形成了大量的高陡斜坡地貌，加上在特定地段的岩性、构造等条件下，形成了大量的崩塌、滑坡体。类型有堆积土层崩滑体和基岩崩滑体，有顺层发育的，也有切层发育的，规模有大有小，较大规模者在 12500 万 m³ 左右。有的处于稳定状态，有的不稳定。三峡库区二期、三期治理工程中，对其中危险性大的滑坡、危岩体及库岸进行了治理。在实习区内主要有中心花园滑坡、金钗湾滑坡、聚集坊崩塌危岩体、链子崖危岩体、新滩滑坡、凤凰山库岸、狮子包滑坡、黄土坡滑坡等治理工程。

第 5 章

基础地质部分实践教学

野外地质路线教学是在教师的带领、指导和讲解下,让学生通过对不同类型地质教学路线剖面和露头典型地质现象的观察、描述和总结,深化所学专业理论知识,扩大地质认知面,掌握野外地质调查和研究的基本工作方法。因此,野外路线教学是地质实践教学中最为重要和关键性的环节。

野外地质路线教学的基本要求如下。

(1)每条教学路线实施的前一天,带班教师应将其教学任务、路线、目的、要求及有关注意的事项告知所带班级学生,使其思想、业务、装备及携带物品有所准备。

(2)每天在出队之前要清点人数、检查相应的准备工作;每天教学路线结束后应在野外现场清点人数,并对学生野外记录簿、标本、样品等的业务教学效果,以及各类仪器装备的使用情况进行必要的检查,布置当天室内整理的内容和要求。此外,为加深理解,应根据教学路线的内容和要求提出一些相关问题供学生思考和讨论。

(3)每天教学路线结束回到实习基地后还应对室内工作进行必要的指导、检查,要求学生及时用常规地质方法或计算机软件对野外所采集的各类数据以及其他相关地质信息进行及时处理、存储,不合格者进行返工或采取有效措施给予补救。

(4)野外路线教学阶段应按沉积岩、岩浆岩、变质岩,以及构造等内容进行阶段小结,也可采用讨论、文字报告和教师讲授或辅导等灵活教学方式进行,使学生对实习路线各项实习内容真正理解和掌握。

5.1 地层岩性路线

5.1.1 路线 1 薄刀岭—邓村茅垭观景台变质岩观察路线

图 5-1 为线路 1 示意图。

【知识点】片麻岩、角闪岩、混合岩、蛇绿杂岩等区域变质岩岩石学特征

该路线主要以变质岩岩性观察为主,主要任务如下。

(1)介绍蛇绿岩的基本概念及岩石单元组成,并对比介绍中-新元古界庙湾组蛇绿混杂岩基本构成、形成时代及构造变形变质演化特征。

(2)观察描述中-新元古界庙湾组蛇绿混杂岩中各岩石单元特征。

(3)观察描述变形变质玄武岩的岩性特征,并对其中发育的强烈变形面理、线理和褶皱

构造进行素描。

（4）观察识别变辉绿岩与变辉长岩之间侵入、穿插关系及标志，并对其进行素描。

（5）观察识别发育于变基性-超基性岩中早期韧性面理、线理，以及晚期脆性断裂破碎带的性质，并根据其伴生次级构造判断断裂运动方向和力学性质。

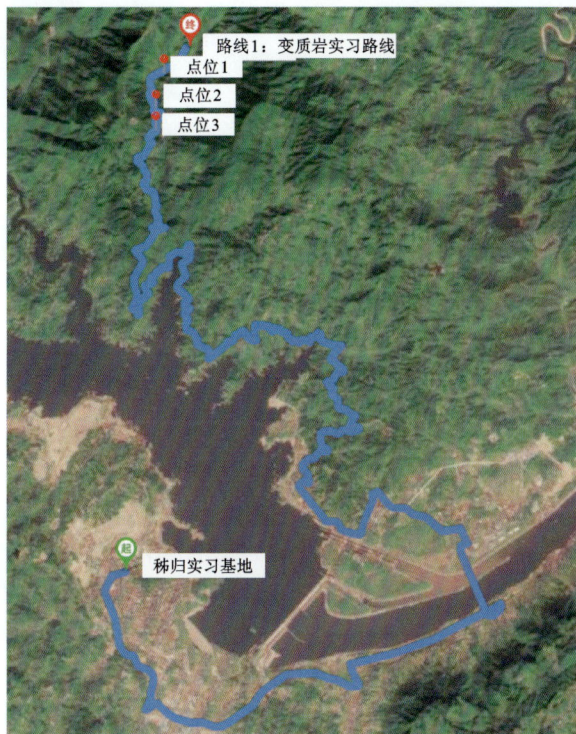

图 5-1　路线 1 示意图

【点位 1】287 省道茅垭观景台北东方向 200 m 的公路边（图 5-2）

【点义】混合岩、斜长角闪岩观察点

【教学点描述】斜长角闪条带状混合岩观察描述；长英质斜长角闪条带状混合片麻岩观察描述；斜长角闪岩观察描述。表 5-1 为混合岩主要岩石类型表。

表 5-1　混合岩主要岩石类型表

混合岩类型	脉体含量（体积%）	基体含量（体积%）	基体与脉体的关系
混合岩	15~50	50~85	脉体与基体界线明显或较明显，具各种混合岩构造
混合片麻岩	50~85	50~15	脉体与基体界线不明显片麻状构造，与正常片麻岩不易区分
混合花岗岩	>85	<15	不能区分脉体与基体的界线，似岩浆花岗岩，具块状构造，有时可见残留基体的网影

图 5-2　条带状混合片麻岩

【点位 2】287 省道 91 km 处（图 5-3）

【点义】区域变质岩、交代岩介绍点

【教学点内容】点位处能观察到以下几种区域变质岩。

图 5-3　点位处区域变质岩

（1）角闪岩，主要为斜长石和普通角闪石，可含少量的透辉石、石榴子石、黑云母、绿帘石、石英等。颜色较深，细粒-粗粒柱状变晶结构，块状构造。角闪石含量大于 95% 为角闪岩；角闪石含量 50%～95% 为斜长角闪岩。通常见有辉石斜长角闪岩、绿帘斜长角闪岩、黑云母斜长角闪岩等。原岩即为基性火山岩和火山-沉积岩，或是铁质白云质泥灰岩等混合型沉积岩。

（2）斜长角闪岩，它的颜色相对角闪岩要浅一些，因为浅色矿物斜长石含量较高，结构和构造与角闪岩相同。

（3）黑云斜长角闪片麻岩，其中暗色矿物有定向，主要矿物可能还是角闪石，再加上斜长石以及黑云母，片麻状构造，结构与角闪岩结构类似。

（4）石榴子石斜长角闪片麻岩，主要强调石榴子石有一定的含量，还比较大，里面形成一些碎斑，这些不对称的碎斑，就是石榴子石。

（5）石英岩，石英含量大于 85%，粒状变晶结构，块状构造或变余层理构造。由砂岩、硅质岩经区域变质作用或接触热变质作用形成，长英质变粒岩原岩可能是一种长英脉，经过变质作用以后，形成了一种变质岩，叫作长英质变粒岩或者叫长英质粒岩。

（6）大理岩，颜色白色，粒状变晶结构，块状构造，主要矿物成分为方解石。

（7）蛇纹岩（图 5-4），蛇纹岩是由超基性岩受低-中温热液交代作用，使原岩中的橄榄石和辉石发生蛇纹石化所形成的。颜色呈暗灰绿色、黑绿色或黄绿色，色泽不均匀，隐晶质结构，镜下显微鳞片变晶或显微纤维变晶结构，致密块状构造，质软具有滑感，知名的岫玉就是蛇纹岩。

图 5-4　蛇纹岩

【点位 3】287 省道薄刀岭采石场（图 5-5）

【点义】区域变质岩观察

【教学点内容】在点位处能观察到以下几种岩石。

（1）条带状黑云斜长片麻岩，夹大理岩/石英岩。颜色为灰黑色或灰白色，鳞片粒状变晶结构，片麻状构造，主要矿物成分为斜长石、石英、黑云母。

（2）伟晶斜长角闪岩，矿物颗粒较大，主要矿物成分角闪石、斜长石，伟晶粒状变晶结构，块状构造。（图 5-6）

图 5-5　薄刀岭采石场

图 5-6　伟晶斜长角闪岩

【思考题】

（1）区域变质岩包括哪些岩石类型？

（2）区域变质岩工程地质性质有哪些特点？

5.1.2 路线 2 下岸溪采石场岩浆岩观察路线

图 5-7 为路线 2 示意图,图 5-8 为具体点位示意。

【知识点】侵入岩——花岗岩岩石学特征、花岗岩风化分带、花岗岩岩体侵入关系

该路线主要以岩性观察为主,观察地点主要在下岸溪采石场里,具体点位示意如图 5-8 所示,主要任务如下。

(1)观察描述下岸溪采石场内口单元的岩性、暗色包体特征及多期岩脉穿插侵入关系,并对其进行素描。

(2)观察描述、识别和测量内口单元中多组节理的分期配套特征,并进行优选方位的统计测量,判别其形成的构造应力特征。

(3)观察不同花岗岩单元(岩体)之间的脉动侵入关系,描述花岗岩中的原生构造(流面、流线构造)。

图 5-7 路线 2 示意图

图 5-8 具体点位示意

【点位 1】下岸溪石料场

【点义】黄陵复式岩体及几种岩石岩性特征观察点

【教学点内容】观察描述几种点位处常见的岩浆岩。

(1)蚀变中粒黑云二长花岗岩，岩石的结构为变余中粒花岗结构，岩石由 30%的石英，40%的蚀变斜长石，多数为酸性斜长石，25%的蚀变钾长石，露头和手标本上可见含钾长石较多，以及 3%的蚀变黑云母和 1%的白云母所组成，根据以上矿物含量，该岩石为二长花岗岩。

(2)蚀变细粒黑云石英闪长岩，岩石的结构为变余细粒半自形晶结构，岩石由蚀变斜长石、普通角闪石、石英、蚀变黑云母和少量榍石、磷灰石等组成，其中蚀变斜长石的含量约 55%，可能为中长石，普通角闪石的含量约 25%，石英的含量约 13%，蚀变黑云母的含量约 5%，榍石的含量约 2%，根据以上矿物含量，该岩石为石英闪长岩。

(3)蚀变细粒角闪黑云斜长花岗岩，岩石的结构为变余细粒花岗结构，岩石由石英、蚀变斜长石、黑云母、蚀变黑云母、普通角闪石和少量榍石、磷灰石等组成，其中石英的含量约 20%，蚀变斜长石含量约 65%，可能为酸性斜长石，黑云母和蚀变黑云母的含量约 10%，并发生不同程度的水黑云母化，绢云母化和被白云母微细绿帘石交代等现象，极少数细小者发生了强烈的绿泥石化，此外还有约 3%的普通角闪石。根据以上矿物含量，该岩石为斜长花岗岩。

(4)蚀变微晶玻质正长斑岩(冷凝边)，它的结构为斑状结构，基质为变余微晶玻质结构，岩体中含有杏仁体，岩石的斑晶为钠长石约 3%和正长石约 2%，在手标本上可见褐黑色长条物，貌似氧化的暗色矿物斑晶，而实际上是褐黑色褐铁矿的集合体。岩石的基质，由蚀变火山玻璃、钠长石、正长石和褐铁矿组成，其中蚀变火山玻璃含量约 55%，钠长石的含量约 15%，正长石约 15%，磁铁矿、钛铁矿等约 10%，岩石中还含有少量的杏仁体，其形态呈不规则状，粒度大者约 0.4 mm。杏仁体的成分有石英质，石英加方解石质、绿泥石质等，含量约 2%。

图 5-9 为岩浆岩分类三角图。

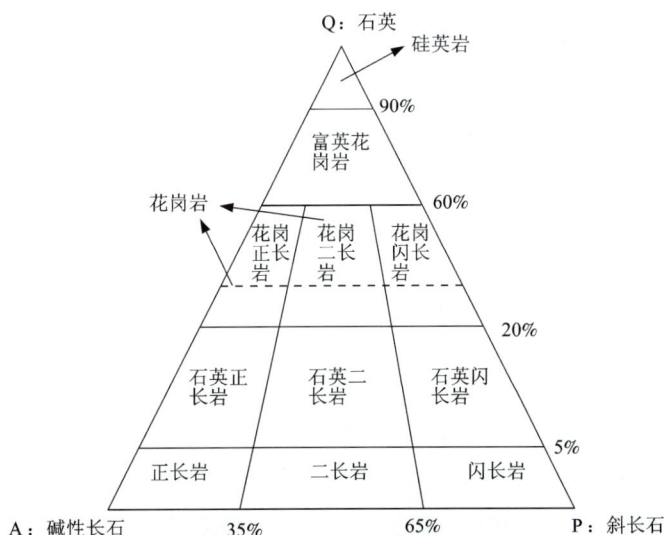

图 5-9　岩浆岩分类三角图

【点位 2】下岸溪石料场

【点义】黄陵复式岩体各种接触现象观察点

【教学点内容】

（1）黄陵复式岩体超动式接触现象观察。点位处可看到一条灰绿到紫红色的岩脉，穿插到花岗闪长岩中，岩脉为正长斑岩，这条脉的边部有冷凝边，其寄主岩有烘烤边，说明寄主岩形成时代较早，而岩脉为后期灌入。这种接触关系为岩浆岩的超动式接触关系，超动式侵入接触又称为斜切式侵入接触，是指在不同时代的深成岩体之间或在同时代的不同深成岩体之间所呈现出的急变式接触关系。较晚形成的深成岩体有以下特点：①有细粒边和冷凝边；②有岩枝穿入早期岩体；③有早期深成岩体的捕虏体、捕虏晶；④边缘具有流动构造、变形构造，如叶理、线理等常平行于接触面。较早形成的深成岩体有以下几个特点：①出现烘烤边、蚀变带或热变质现象等；②会被晚期的深成岩体切割，其完整性遭到破坏，出露残缺不全；③所含矿脉、脉岩、断层等到接触面时会突然中断，不通过晚期的深成岩体，而接触面上又无其他的断层标志。

（2）黄陵复式岩体涌动式接触现象观察。在下岸溪采石场的东边，还可以看到另一种现象及岩体的涌动侵入接触关系。在这里，出现了颜色不一的岩浆岩，它们的颜色由外至内由浅变深，仔细观察岩石的类型也是变化的，由酸性逐渐变为中性，即由二长花岗岩到花岗闪长岩，再到石英闪长岩，这些变化是一种同化现象，这就是岩浆岩的涌动式接触关系。

涌动式侵入接触又称隐蔽式侵入接触，涌动式侵入是在一个岩体内部，当有一些差异的组分之间，出现差异性流动的时候，先贯入的侵入体虽然已经开始固结，但部分仍保持液态的情况下，被后贯入的侵入体所侵入。在这里浅色的二长花岗岩就是先灌入的侵入体，而闪长岩是后灌入的侵入体，涌动侵入所形成的接触界线不是很明显，通常在 1~2 cm 的距离内，岩石的成分和结构会发生快速变化，而找不到很清楚的接触界面。例如在这里就不能找到很清楚的接触界面，有时候会在接触带形成宽度不等的混杂带。

在岩体的露头上，还可以看到一些暗色包体。仔细观察有两种类型，一种是随晚期岩浆上隆的残留包体，这类包体与晚期岩浆岩的界限不是十分清晰，它是岩浆在侵位过程中的同化混染作用所致，由于早期岩浆没有固结，它会同化晚期的岩石。另一种包体的暗色矿物含量较高，富集黑云母，这是岩浆结晶分异所致，称之为析离体。析离体又称为异离体，是岩浆结晶过程中，有一部分早期结晶的矿物相对集中，呈团块状或条带状分布在岩体内，其边缘界限有时不清楚。析离体是侵入岩中包裹体的一种，是由岩浆中早期析出的一些矿物，集合而成的小团块，如花岗岩中的黑色细粒，黑云母和斜长石的小团块，此处的析离体是随晚期岩浆从岩浆房中带出。

（3）黄陵复式岩体脉动式接触现象观察。脉动型侵入接触又称为突变型侵入接触，脉动侵入是来自深部的岩浆的间歇性岩体贯入，脉动型侵入接触有以下几个主要标志。①沿接触带会断续发育伟晶岩囊包体，或由粗大的长石、石英组成不连续的似伟晶岩带，一般数十厘米不等，长石、石英晶体的生长方向指向晚期侵入体；②由于核部岩浆侵蚀，或顶蚀早期外壳已固结的岩石，在接触带会形成火成角砾岩带，实际上是晚期侵入体中有早期侵入的捕虏体，由于两者的温、压条件基本相似，早期侵入体虽已初步固结，但由于刚刚凝固，被晚期岩浆的上涌而冲碎，形成不宽的类似角砾岩的带状分带，其中所谓角砾是早期侵入体的碎块，而胶结物则是晚期侵入体的成分；③核部岩浆上侵可穿外部，固结壳后直接侵入围岩而形成穿切关系，可以清楚地见到侵入接触关系；④可在晚期侵入体一侧，见到有非常窄的冷凝边。

脉动型侵入接触关系，是两个侵入体的形成时差比较接近，温压条件类似，先形成的侵入体已基本固结，但在仍很灼热的条件下所形成的侵入式接触关系，在该点还可以看到一条伟晶岩脉，该点的伟晶岩脉横穿酸性花岗岩和中性闪长岩，伟晶岩作为岩浆晚期所形成的脉岩，属于脉动式侵入接触关系，由于岩石还保留在高温状态，加上富含大量挥发成分，使得伟晶岩的矿物颗粒长得比较粗大，可大于 1 cm。

这里的伟晶岩边部颜色较浅，颗粒较细，相当于伟晶岩的冷凝边，主要矿物成分与伟晶岩中部的差别不大，伟晶岩形成于酸性岩后期，而贯穿中性岩，说明此处中性岩与酸性岩的侵位时间相隔不远。

【思考题】

(1)为何花岗岩体与有色金属矿产、温泉有关？
(2)工程建设中常利用花岗岩的哪些性质？
(3)如何利用岩脉穿插侵入关系判断岩石形成的先后顺序？

5.1.3 路线3 兰陵溪—九畹溪地层观察

图 5-10 为线路 3 示意图。

【知识点】地层层序与地史、沉积环境、地层接触关系类型、桥梁工程地质问题

该路线主要以观察地层岩性构造为主。计划路线为兰陵溪—九畹溪，黄陵岩体、崆岭群、震旦系-寒武系地层观察(小构造)。主要任务为观察黄陵岩体与中元古界崆岭群的接触关系、新远古界地层与寒武系地层岩性特征、沿途观察小构造行迹和练习信手剖面图(主要在各不同地质年代岩石地质交界处)。

图 5-10 路线 3 示意图

【点位1】334省道茅坪木材检查站牌旁

【点义】太平溪黄陵花岗岩体与崆岭群小以村组侵入接触关系和岩性观察(图5-11)

【教学点内容】接触带东为黄陵复式花岗岩体中的茅坪超单元太平溪岩体。接触带西为元古界崆岭群小以村变质岩,沿东边房屋小路上山约50 m,可见变质岩捕房体,说明围岩老、基岩新,岩浆岩侵入到变质岩中,侵入接触关系,反映岩体侵入时代晚于围岩。

侵入主要标志:①岩体切穿围岩,在主要岩体附近,有岩枝伸入围岩之中;②岩体边部常有较细粒的冷凝边或边缘带;③岩体边部原生流动构造比较发育;④岩体中有大量的围岩捕房体和同化混染现象;⑤围岩受岩体的影响出现变质矿物,发现在接触变质带,常伴随有矿化或矿体出现。变质晕的宽窄,主要与岩体的成分、大小、侵入深度,接触面的陡缓和围岩成分有关。观察点位处主要有①和④两个标志。

图5-11 黄陵花岗岩体与崆岭群侵入接触

点位处见有小以村岩组变质岩,形成于黄陵岩体侵入之前,为中元古界地层变质,小以村地层层型,宜昌市茅坪剖面。下部特征为含石墨黑云斜长片麻岩、大理岩、钙硅酸盐岩、石英岩。上部特征为石英角闪岩夹黑云斜长片麻岩,石英片岩,顶部夹大理岩透镜体,与下伏古村坪岩组,及上覆庙湾组岩组均呈整合接触。点位处主要有细粒长英质黑云斜长角闪条带状混合岩、条带状细粒黑云斜长角闪岩、蚀变细粒黑云斜长片麻岩、蚀变细粒黑云角闪斜长片麻岩,这些多属中级变质岩、角闪岩相。

【点位2】九曲垴中桥西桥头

【点义】中元古与新元古的地层分界线、小以村组变质岩岩性观察点(图5-12)

【教学点内容】点东为崆岭群深灰色片麻岩;点西为莲沱组,下部为紫红砂岩、砾岩,夹中厚层泥页岩,上部为紫红色及灰白色凝灰质砂岩和紫褐色及黄绿色砂岩、砂质页岩。底部暗紫红色砾岩与下伏崆岭群呈角度不整合接触关系。

　　点位处见有中级变质岩。细粒黑云斜长片麻岩，野外露头变余层理构造，片麻状构造，细小黑云母颗粒定向排列，亦见有紫红色细小石榴子石少量，放射状阳起石在岩石裂隙间，细粒石榴黑云斜长片麻岩，显微镜下黑云母矿物定向排列。

　　【点位 3】九曲垴中桥往西 20 m 处

　　【点义】莲沱组和南沱组的地层分界线(图 5-13)

　　【教学点内容】点东为莲沱组，为紫红色及灰白色凝灰质砂岩和紫褐色及黄绿色砂岩、砂质页岩。点西为南沱组，呈灰绿色砾岩、冰碛砾岩、粉砂质泥岩，分选性差，与下伏莲沱组呈平行不整合接触。

图 5-12　莲沱组与崆岭群呈角度不整合接触关系

图 5-13　莲沱组和南沱组呈平行不整合接触关系

　　【点位 4】九曲垴中桥往西走约 300 m 处道路南侧小道坡上

　　【点义】南沱组和陡山沱组的地层界线及观察小构造褶皱(图 5-14)

　　【教学点内容】坡上共分两个观察点，坡中段为观察地层交线，坡顶点位为观察小构造褶皱。坡中段观察点西侧为陡山沱组，灰-灰白色白云岩，下部为灰、褐灰色白云岩，含泥质和硅质磷质结核；中部为灰黑色页片状含粉砂质白云岩；上部为灰、灰白色中厚层状白云岩夹硅质层或燧石块。点东侧为南沱组，灰色、紫红色冰碛泥砾岩，上部夹薄层状砂岩透镜体，分选性差，与陡山沱组为平行不整合接触关系，二者间发育有明显的古风化壳。坡顶为区域小褶皱向斜，且因处于断层破碎带，局部风化较严重。

图 5-14　南沱组和陡山沱组的地界交线

【点位 5】点位 4 向西沿公路 200 m 处

【点义】陡山沱组和灯影组的地层分界线(图 5-15)

【教学点内容】点东侧为陡山沱组。点西侧为灯影组地层,下部灰白色厚层状内碎屑白云岩;中部黑色薄层状含沥青质灰岩,含燧石条带及结核,产宏观藻类化石;上部灰白色中厚层状白云岩,含燧石层及燧石团块,顶部为硅磷质白云岩。下部白云岩与陡山沱组整合接触。地层产状为 145°∠77°。

图 5-15　陡山沱组和灯影组的地层分界线

【点位 6】横墩隧道出口往西约 100 m 冲沟处

【点义】岩家河组和灯影组的地层分界线（图 5-16）

【教学点内容】岩家河组位于震旦系和寒武系之间，具有跨系发育特征的地层单位。下部为灰黑色泥灰岩，与土黄色泥页岩互层；上部为泥晶灰岩、炭质泥岩、炭质泥页岩互层。

图 5-16　岩家河组和灯影组的地层分界线

【点位 7】点位 6 往西 200 m

【点义】岩家河组和水井沱组的地层分界线（图 5-17）

【教学点内容】点东侧为岩家河组。点西侧为水井沱组，黑色薄层炭质细晶灰岩与含巨大结核（最大直径可达 1 m 以上，即飞碟石，如图 5-19 所示）的炭质页岩互层。两组为平行不整合接触关系。产状为 203°∠25°。朝道路另一侧遥望可见江边"问天简"（图 5-20），讲解问天简的形成机理：岩体上部为灰岩，下部为砂岩，由于灰岩不断溶蚀加上临江卸荷裂隙扩张，逐渐形成问天简危岩；绘制问天简的素描图。

图 5-17　岩家河组和水井沱组的地层分界线

图 5-18 飞碟石从黑色薄层炭质细晶灰岩中掉落后留下的坑洞

图 5-19 飞碟石

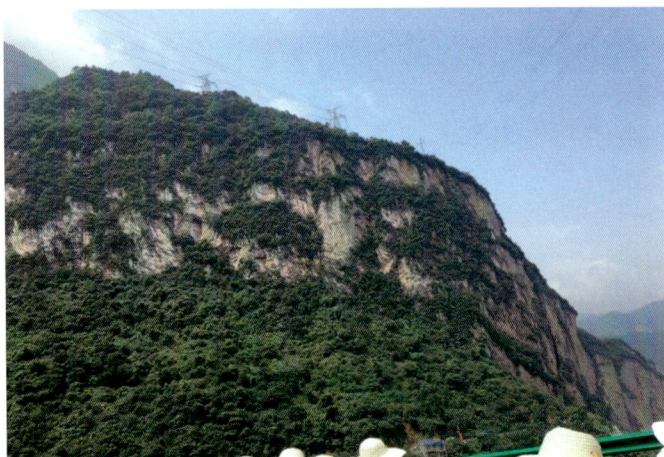

图 5-20 遥望"问天简",由于卸荷裂隙作用形成危岩体

【点位 8】点位 7 往前至冲沟处

【点义】水井沱组和石牌组的地层分界线

【教学点内容】点东侧为水井沱组。点西侧为石牌组，出露较厚，下层为碎屑岩、细砂岩、页岩夹灰岩；中部为薄层灰岩夹页岩；下部为薄层砂岩夹页岩。

【点位 9】茶园坡隧道出口往西约 200 m 加油站往西 150 m 处

【点义】石牌组与天河板组的地层分界线（图 5-21）

【教学点内容】点东侧为石牌组。点西侧为天河板组，灰色、深灰色薄层泥质条带状灰岩，白云质灰岩夹豆状灰岩、盒形石、古杯礁化石。产状为 260°∠19°，与石牌组为整合接触关系。

图 5-21　石牌组与天河板组的地层分界线

【点位 10】棕岩头隧道东出口

【点义】天河板组与石龙洞组的地层分界线（图 5-22）

【教学点内容】点东侧为天河板组。点西侧为石龙洞组，深灰色厚层灰岩，灰白色中厚层白云岩夹泥质白云岩，岩溶发育，底部以厚层状白云岩与下伏天河板组泥质条带灰岩为整合接触关系。江对岸底部溶洞发育（图 5-23），学习溶洞的形成原因及机理。

【点位 11】棕岩头隧道西出口，九畹溪大桥东头

【点义】石龙洞组与覃家庙组的地层分界线（图 5-24）

【教学点内容】在点位处石壁上，出露的是寒武系覃家庙组地层和石龙洞组地层，远观隧道口的下半部为石龙洞组地层，可以看出其中厚到厚层构造和灰褐色的颜色。区域上石龙洞组是一套灰色中厚层到厚层的白云岩，这里的灰褐色是风化色；隧道口上半部为覃家庙组地层，可以看出其薄层的构造和灰褐色特征。在区域上，覃家庙组是一套灰色、灰白色薄层的白云岩，上部有少量厚层状的白云岩，以及少量页片状泥质白云岩，覃家庙组与下伏石龙洞组为整合接触。

图 5-22　天河板组与石龙洞组的地层分界线

图 5-23　另一侧江岸底部岩溶发育

图 5-24　石龙洞组与覃家庙组的地层分界线

【点位 12】九畹溪大桥东桥头

【点义】覃家庙组与三游洞组的地层分界线

【教学点内容】东桥头空间较大，可在东桥头观察西桥头旁岩层。点东侧为覃家庙组。点西侧为三游洞群，主要为灰色、浅灰色厚层块状微细晶灰岩、白云岩、泥质白云岩夹角砾状白云岩，夹薄层泥质白云岩、白云质灰岩，局部含燧石。与覃家庙组为整合接触关系。学习九畹溪大桥及桥梁工程相关知识，学习桥梁工程相关工程地质问题包括场地稳定性、桥基稳定性、拱桥桥肩边坡稳定性等。最后绘制滑脱构造素描图。

1. 桥梁作用与结构

桥梁是供铁路、道路、渠道、管线、行人等跨越河流、山谷、海湾、其他线路或障碍时的架空建筑物。在秭归实习区内也修建有不少的大桥，如九畹溪大桥、秭归长江大桥、西陵峡长江大桥等。桥梁的种类很多，按基本结构体系可划分为梁式桥、拱式桥和索桥等；按照工程规模可划分为特大桥、大桥、中桥和小桥；按照主体结构用材，可以分为钢桥、混凝土桥、石桥和木桥；按照用途可以分为铁路桥、公路桥、城市道路桥、公铁两用桥等。桥梁作为一种永久性公共建筑物，具有广泛的社会性，从一座桥上不仅可以看出当时当地社会发展状况和技术工艺水平的高低，而且可折射出一个国家和地区政治、经济、科学、技术、文化等各方面的状况。

2. 桥梁工程地质问题

（1）桥位选址。选择一个合适的桥位对于桥梁来说十分关键，选址时工程地质条件应作为主要依据，要着重考虑以下工程地质因素。从地形上看，在山区应尽量选择两岸有山嘴或高地的河段，这些地方的岸坡一般相对稳固。在平原地区应尽量选择在河流顺直的河段，在这些地方河流的侧向侵蚀作用相对较弱，同时两岸应尽量开阔，便于桥梁两端接线布置；从水文上看，应避免选在上、下游有山嘴、石梁、河洲等干扰水流畅通的地段；从地层岩性方面看，选在基岩和坚硬土层外露或埋藏较浅、地质条件简单、地基稳定处；从不良地质方面看，不宜选在活动断层、滑坡、泥石流、岩溶以及其他不良地质发育的地段，若无法绕避时，必须做出特殊的考虑。

（2）桥台、桥墩地基稳定性问题。桥位选定后，还要分析桥台、桥墩地基稳定性问题。地基不稳定，其后果是十分严重的，如果地基软弱或软硬不均匀，沉降及沉降差过大，就会导致上部结构破坏及倒塌；如果地基强度过低，会导致整体失稳而倒塌，基础随滑坡体一起滑坍。所以桥台、桥墩地基稳定性一定要得到充分的保证。

（3）基坑边坡稳定性与涌水问题。在桥台墩的施工过程中，往往要开挖基坑，要保证基坑边坡在施工过程中的稳定性，避免发生基坑边坡的失稳，同时要做好防水工作，避免发生基坑涌水、渗透变形等问题，尤其是在明挖施工或雨季施工时，要充分考虑河流水位的变化、降雨等因素对基坑工程的影响。

3. 九畹溪大桥工程地质问题分析

九畹溪大桥（图 5-25）是一座位于九畹溪与长江交汇处的拱桥，也是 334 省道上的控制性工程，桥梁净跨 160 m，属于特大桥。九畹溪大桥的稳定性问题包括场地稳定性问题与桥基稳定性问题。

（1）场地稳定性问题。秭归区域稳定性较好，基本地震烈度为Ⅵ度，两岸边坡主要为寒武系石龙洞组和覃家庙组地层，上部为覃家庙组灰色中厚层状灰岩夹薄层状页岩，裂隙较为发育、岩石相对软弱；下部为石龙洞组灰白色厚层白云岩，岩石较为完整，两岸无大的断层和节理发育，卸荷裂隙也不发育，没有明显的不利结构面的组合。西桥头边坡为逆向坡，有利于边坡稳定，东桥头边坡总体上为顺向坡，但岩层产状较为平缓，也有利于边坡稳定。因此，九畹溪大桥场地的稳定性较好。

（2）桥基稳定性问题。桥梁基础的稳定是桥梁质量保证的决定性因素。主要取决于桥基岩土体承载力的大小，桥基处应选择覆盖层薄、持力层为坚硬完整的岩体。九畹溪大桥为拱桥，荷载主要由两岸桥座所承担，桥基选择以厚层状、完整性好的、强度较高的石龙洞组地层为持力层，而避开了薄层状性质相对较差的覃家庙组地层，可以保证有足够的承载力。因此，总体上讲九畹溪大桥桥址工程地质条件较好，无明显的地质缺陷，桥梁建成至今稳定性很好，一直在正常运营。

图 5-25　覃家庙组滑脱构造及九畹溪大桥

4.覃家庙组滑脱构造(图 5-25)

大桥远处陡壁处,为寒武系覃家庙组地层,岩性为灰褐色薄层的白云岩,整个覃家庙组在陡壁上,形成了一个 S 形伸展滑脱平卧褶皱,褶皱轴面近水平,转折端没有明显增厚现象,是一个平行褶皱或者叫等厚褶皱。在构造层次上,属于深度小于 10 km 的上浅构造层次,该层位于表构造层之下,中构造层之上,代表性构造是平行近等厚褶皱和脆性断层。

滑脱构造是岩石圈内部的一种构造,岩石圈受到地应力作用以后,相邻的小圈层之间会发生相对的滑动、相互脱离的现象,它存在一个滑脱面,该滑脱界面,可以以断层延续界面、包括岩层不整合面、高塑性层、高孔隙层、盖层与基底界面、地壳与上地幔界面等,总之它是一个软弱面。它们共同的特点是:①强度相对较低;②剪应变较高。因此在受力的时候较为软弱,一旦在界面上发生滑脱作用,所形成的滑脱界面的性质,也就和断层类似,因此滑脱界面也称作为滑脱断层,这里的滑脱面是岩系界线。根据其 S 形褶皱、轴面方向判断,这是一个向南西、左行、剪切滑脱。该滑脱构造的形成,可能与九曲脑中桥箱状褶皱同期,为黄陵岩体隆起时的响应。

【思考题】

(1)地层间接触关系的种类有哪些?

(2)为何实习区中厚—薄层碳酸盐岩地层中发育小褶皱构造?

(3)山区修建桥梁存在哪些工程地质问题?

5.1.4　路线 4　九畹溪—米仓口地层观察

图 5-26 为线路 4 示意图。

【知识点】地层层序与地史、沉积环境、地层接触关系类型、隧道工程地质问题

该路线为路线 3 的延续,同样以观察地层岩性为主,计划路线为:集聚坊码头—西陵峡村—米仓口隧道。主要任务为观察奥陶系到三叠系,了解危岩体和新滩滑坡以及练习信手地质剖面图(主要在各不同地质年代岩石地层分界处)。

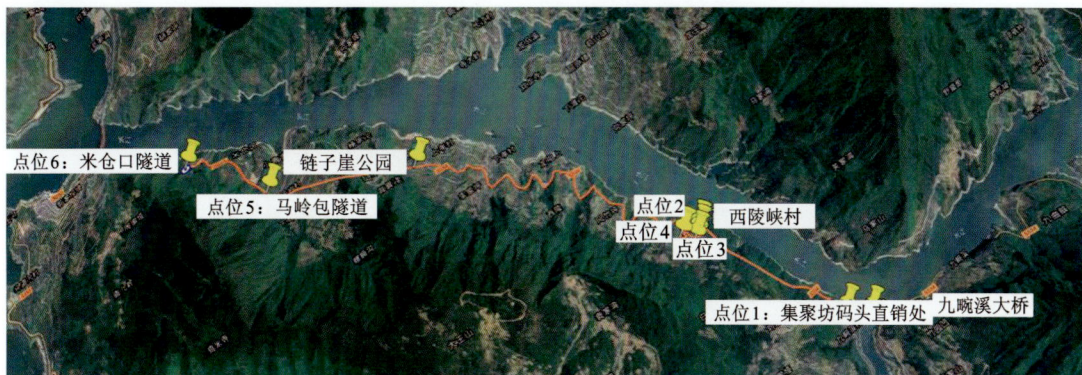

图 5-26　路线 4 示意图

【点位 1】集聚坊码头直销处

【点义】覃家庙组与三游洞群的地层分界线（图 5-27）

【教学点内容】点东侧为三游洞群。点西侧为奥陶系覃家庙组，主要为灰色厚层白云质灰岩、含燧石结核，以及叠层石白云岩夹灰质白云岩、角砾状白云岩。覃家庙组在该区域内分布很厚，最大达 583 m，与三游洞群为平行整合接触关系，产状为 270°∠34°。要求绘制剖面图。

图 5-27　覃家庙组与三游洞群的地层分界线

【点位 2】西陵峡村党员群众服务中心后土坡上

【点义】奥陶系与三游洞群的地层分界线（图 5-28）

【教学点内容】点东侧为寒武系三游洞群。点西侧为奥陶系，出露较少，主要以生物碎屑状灰岩为主，于顶部和底部含少量页岩。由于奥陶系分组较多，在此不要求细分。点位处于九畹溪破裂带上，风化较为严重，表面出现较多龟裂，周边为志留系页岩风化而成的土坡，区域内奥陶系厚度约为 200 m，与三游洞群为断裂接触关系。产状为 200°∠47°。沿山坡往上走，在奥陶系灰岩中可见笔石化石。

图 5-28 奥陶系与三游洞群的地层分界线

【点位 3】上一点位沿上山公路往前约 30 m

【点义】志留系新滩组地层观察点(图 5-29)

【教学点描述】志留系新滩组地层,为砂岩与泥岩互层,灰绿色薄层状,泥岩、粉砂岩夹细砂岩。新滩组位于龙马溪组与罗惹坪组之间。

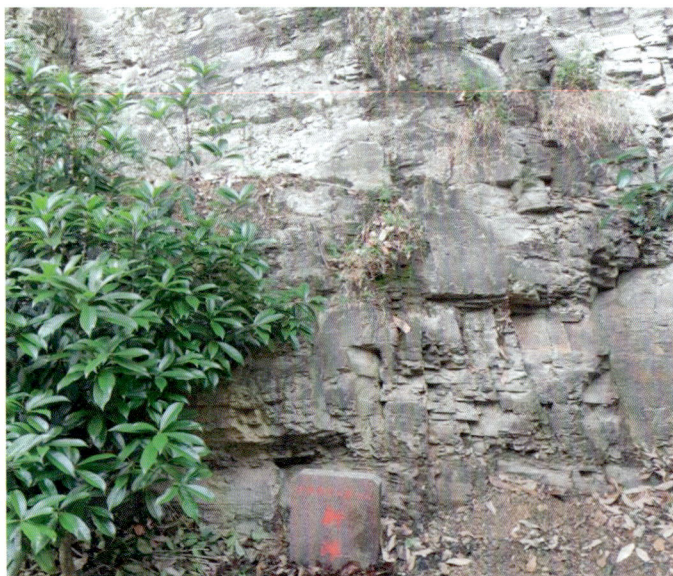

图 5-29 新滩组地层

【点位 4】西陵峡村 1 组 85 号门前

【点义】志留系新滩组与罗惹坪组地层分界线(图 5-30)

【教学点内容】点西为罗惹坪组地层,它是一套灰绿色薄层状泥岩,到中薄层粉砂岩互层产出,中间夹有灰岩透镜体。点东为新滩组地层,它是一套灰绿、黄绿色薄层状的泥页岩夹粉砂岩,地层产状为 245°∠27°,与罗惹坪组接触关系为整合接触。判断依据为两个地层产状一致、沉积环境渐变。

图 5-30　罗惹坪组与新滩组分界线

新滩组地层中有一小型断裂构造，判断依据为：①存在宽约 20 cm 的破碎带，为棱角状的角砾岩，破碎带两侧，有白色钙化边界；②发育有牵引构造。断层面的产状是 195°∠68°。根据牵引构造方向判断为正断层。

【点位 5】马岭包隧道东入口 500 m

【点义】二叠系吴家坪组与三叠系大冶组的地层分界线（图 5-31）

【教学点内容】点南侧为吴家坪组，为深黑色中厚层灰岩。点北侧为大冶组，下部为浅灰色薄层灰泥岩夹黄绿色页岩，上部为浅灰色薄层泥灰岩与微薄层灰泥岩互层，以及泥质条带灰岩和鲕状灰岩，与吴家坪组为整合接触关系。并于此讲述隧道相关工程地质问题。因此点距离链子崖危岩体较近，首要问题即为考虑隧道建设过程中施工对危岩体的影响。其他问题如断层破碎带、岩溶发育和含煤地层瓦斯泄漏等。

从点位 4 至点位 5 之间所缺失的志留系部分、泥盆系、石炭系及二叠系下统与中统位于链子崖，将在路线 9 中介绍。

图 5-31　二叠系吴家坪组与三叠系大冶组的地层分界线

隧道工程地质问题：

(1)区域稳定性问题。隧道修建后是否能够正常运行，首先需要考虑到区域稳定性问题，主要是要研究这个区域活动断裂的分布、现代地壳的活动性以及地应力分布特征，看它未来是否会发生强烈的地震。

(2)围岩稳定性问题。隧道围岩稳定性问题是隧道工程中普遍存在的问题。隧道开挖后，在重分布应力作用下，隧道围岩会产生弹性变形或塑性变形，可以用专门的理论进行分析，同时也可能产生塌方、岩爆、片帮等破坏，这主要取决于围岩的结构特征与强度，另外也与地应力特征有关，可以采用工程地质分析和力学计算相结合的方法进行分析评价，其中以围岩分类为最主要手段。

(3)隧道的涌水、突水问题。当隧道穿过储水构造、充水洞穴、断层破碎带的时候，特别是受到承压水作用时会遇到突发性的大量涌水，需要在隧道勘察时进行施工期隧道涌水量预测以作为设计依据。

(4)进出口稳定性问题。隧道的进出口通常多采用深堑形式，边坡仰坡的变形过大，就会引起洞口开裂、下沉、外仰或坍塌等灾害，对洞身的施工及以后的运营都会造成威胁。一旦失稳破坏更会造成严重的后果，特别是由于洞口仰坡基座中间受横向掏空，上部的岩体所处的应力环境也比较复杂，更容易发生岩体破坏。如果洞口的围岩质量较差，或者是第四系的堆积物厚度较大，特别要引起注意，工程上常用"早进洞，晚出洞""避免深堑"的原则来防治进出口的稳定问题。

(5)其他工程地质问题，例如瓦斯爆炸、地温以及有害气体等。在开挖深埋山岭隧道的时候，地温也是一个重要问题，一般人在潮湿的坑道中当温度达到40℃的时候，就不能正常工作了，必须要采取降温措施，有时还会遇到瓦斯等有害气体，应该在勘察和施工过程中予以重视。

【点位6】米仓口隧道东入口100 m处

【点义】大冶组与嘉陵江组的地层分界线(图5-32)

【教学点内容】点东侧为大冶组。点西侧为嘉陵江组，下部为浅灰色薄层含黏土质生物碎屑灰岩、白云质灰岩；中部为灰色厚层微晶灰岩角砾灰岩、白云质灰岩、白云岩；上部为灰色角砾状含黏土质白云岩(溶崩角砾岩)。嘉陵江组区域内分布广且厚，为700~800 m厚，区域内均出现于峡谷区，与大冶组为整合接触关系。

图5-32 大冶组与嘉陵江组的地层分界线

【思考题】

(1) 自寒武系、奥陶系至三叠系岩性变化反映怎样的地史环境变化？

(2) 判断地层间接触关系的依据有哪些？

(3) 山岭隧道修建时会遇到哪些工程地质问题？

5.1.5　路线 5　周家坳—滚石坳地层岩性观察路线

图 5-33 为线路 5 示意图。

【知识点】地层层序与地史、沉积环境、地层接触关系类型、节理构造、化石意义

该路线主要以观察地层岩性特征为主。主要任务为观察震旦系灯影组、寒武系岩家河组及寒武系水井沱组地层，观察地垒断层组合构造。介绍灯影组石板滩段存在的埃迪卡拉动物群化石、岩家河组内存在的小壳动物化石以及水井沱组里的页岩气。

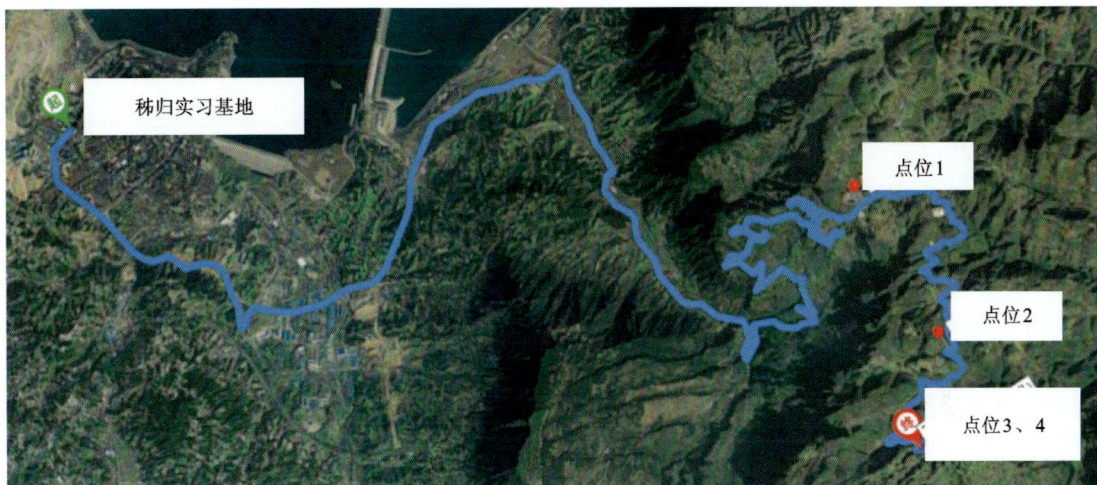

图 5-33　路线 5 示意图

【点位 1】周家坳采石场(图 5-34)

【点义】灯影组二段石板滩段岩性观察点

【教学点内容】"两白夹一黑"之中的黑，石板滩段为灰色、灰黑色薄层，夹中层状灰岩与深灰色、黑灰色泥质灰岩、白云质灰岩，不等厚互层为特征，敲开有臭味，又称为臭灰岩，本段含文德带藻化石、动物遗迹化石和疑似水母化石。

在露头处可以见到雁行式张节理，该雁行式张节理，是一个右行剪切作用，站在节理的一侧看对盘的运行方向，对盘向右运行即为右行，节理形成后被方解石脉充填。

张节理是在张应力作用下形成。张节理的特征：①产状不稳定，延伸不远；②节理面粗糙不平，无擦痕；③多张口，常被充填形成脉体；④可形成锯齿状节理、雁行式张节理等。张节理与主应力轴平行，剪节理与主应力轴呈 45°关系。火炬状张节理是由两个共轭的雁行节理组成，是在同一应力场条件下形成的，分别是一个左行雁行(S 形雁行)张节理和一个右行雁行(反 S 形雁行)张节理。

图 5-34 周家坳采石场

【点位 2】287 省道 157 km 路碑处往前约 50 m

【点义】震旦系灯影组石板滩段和白马沱段界线观察点(图 5-35)

【教学点内容】点西为灯影组石板滩段地层,顶部为灰黑色薄层白云岩白云质灰岩,中部为灰黑色灰岩、泥质灰岩及白云质灰岩。点东为灯影组白马沱段地层,以浅灰色、灰白色厚层-中厚层状白云岩大量出现为标志。下部岩性为灰色,灰白色厚层状至中厚层状细晶白云岩、灰质白云岩含砾白云岩、硅质白云岩夹白云质灰岩,偶见燧石团块和结核。中部岩性为灰白色灰黄色,中层状中细晶白云岩夹薄至极薄层硅至细晶白云岩、硅质岩等,含少量燧石结核和燧石层。中上部为粉红色,灰白色中厚层含砾屑白云岩,可见少量燧石结核和燧石层,并发育板状斜层理,鸟眼构造。上部主要为灰白色厚块状白云岩,间夹薄层中厚状泥晶白云岩,局部段层发育硅质条带和燧石团块、燧石结核及白云岩结核,总体为潮坪宽缓的滨海附近环境,接触带附近白云岩上的棕红色斑点,为现代生物所为。两者的接触关系为整合接触,判断依据有:①产状一致;②沉积环境相近。

图 5-35 灯影组二段(石板滩段)与三段(白马沱段)界线

【点位 3】287 省道与滚柏线界线处（287 省道约 163 km 处）

【点义】寒武系岩家河组和震旦系灯影组地层界线（图 5-36）

【教学点内容】点北西为震旦系灯影组白马沱段地层，为一套灰白色中厚-厚层状白云岩，地层产状为 175°∠10°。点南东为寒武系岩家河组，下部为灰色薄层状泥质白云岩，白云岩与土黄色灰质泥岩互层，加灰黑色硅质条带，其中白云岩中含有小壳化石。上部为中厚薄层状深灰色灰岩，炭质灰岩夹炭质页岩，其中薄层状炭质灰岩中，含有硅磷质结核。顶部为浅灰色中厚层状含燧石结核灰岩，其上为 5~10 cm 的土黄色黏土层，为浅海沉积环境，两者接触关系为整合接触，判定依据为两者产状一致，且沉积环境相近。

图 5-36　岩家河组和灯影组地层界线点

点位处还发育有一正断层组合——地垒（图 5-37）。

图 5-37　地垒断层构造组合

左边断层判断依据有：①断层面清楚；②有构造透镜体和牵引构造。断层产状为 90°∠67°。断层性质为正断层，判断依据有：①牵引构造，弧的弯曲方向指向本盘运动方向；②构造透镜体，构造透镜体长轴与断层面交线呈锐角方向指向对盘运动方向。

右边断层判定依据有：①牵引构造，弧的弯曲方向指向本盘运动方向；②标志层被错开。两条倾向相反的正断层为同期形成，构成了一个正断层组合即地垒。

【点位4】上一点位往前约 300 m

【点义】水井沱组和岩家河组地层界线点、水井沱组化石观察点(图 5-38)

【教学点内容】点北西为岩家河组地层，为中厚薄层状深灰色灰岩、炭质灰岩夹炭质页岩，其中薄层状炭质灰岩中含有磷硅质结核。顶部为浅灰色含燧石结核灰岩，其上为 5~10 cm 的土黄色黏土层。点东南为水井沱组地层，黑色、黑灰色薄层含炭质、粉砂质泥岩出现为底界标志。实习区内，该层为厚度变化较大，为 53~161 m，下部为黑色薄至极薄层炭质页岩，粉砂质页岩，夹硅质白云岩，白云质灰岩透镜体，又称为"锅底灰岩"。中部为黑灰灰黄色炭质页岩，粉砂质页岩夹薄至中厚层灰岩，上部岩性为黑色，灰黑色灰岩至中层状灰岩夹薄层状泥灰岩钙质页岩，顶部为浅灰色，深灰色薄层含磷结核白云质灰岩、灰质白云岩，水平纹理发育，产海绵骨针、三叶虫等化石，两者接触关系为平行不整合接触，区域上有整合接触。判断依据：①岩家河组上部 5~10 cm 的土黄色黏土层，被认为是古风化壳；②地层产状一致。

图 5-38　水井沱组和岩家河组地层界线点

【思考题】

(1)张节理与剪节理的野外特征有何区别？

(2)野外如何判断断层组合(地堑与地垒)？

(3)古生物有何地质意义？

5.2　地质构造路线

5.2.1　路线6　长阳路线

图 5-39 为线路 6 示意图。

【知识点】褶皱构造类型、缝合线构造、擦痕与阶步、共轭节理、韧性剪切带、古岩溶该路线主要以地层岩性观察以及地质构造观察为主，路线的主要内容及任务如下。

（1）震旦系灯影组到奥陶系大湾组的地层岩性观察。

（2）白氏溪桥背斜褶皱构造的观察描述。

（3）地层内部断裂构造的观察描述。

（4）S 形、Z 形寄生褶皱观察，以及箱状褶皱观察描述。

（5）叠层石、古岩溶构造观察、缝合线构造观察描述。

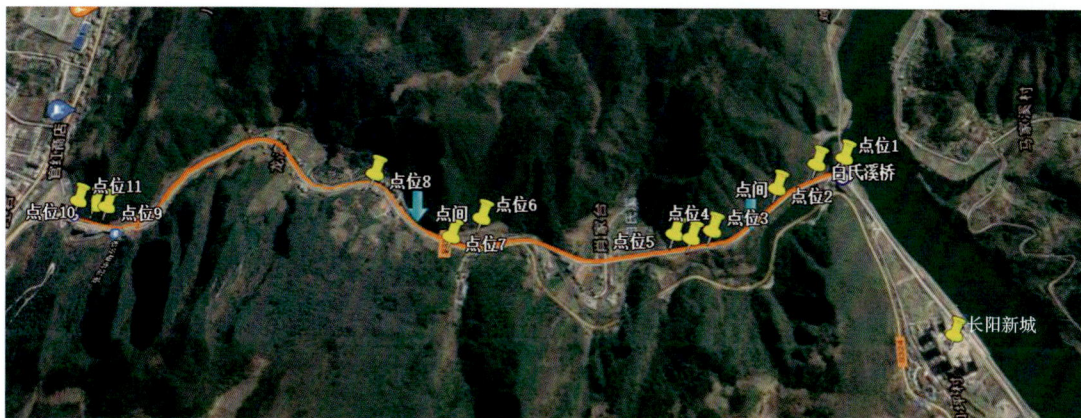

图 5-39　路线 6 示意图

【点位 1】长阳龙舟大道长阳新城东北边 500 m，白氏溪桥南 100 m

【点义】雁列节理观察点（图 5-40）

【教学点内容】点位处主要为震旦系灯影组地层，浅灰色厚层-块状细晶白云岩，偶见薄层白云质灰岩，对应组的岩层产状为 12°∠52°。此岩层中发育一系列的顺层剪切面与层理一致，并可以见到 30 cm 宽的顺层脆韧性剪切变形，剪切面上线理近水平，测有擦痕的产状是 298°∠6°。

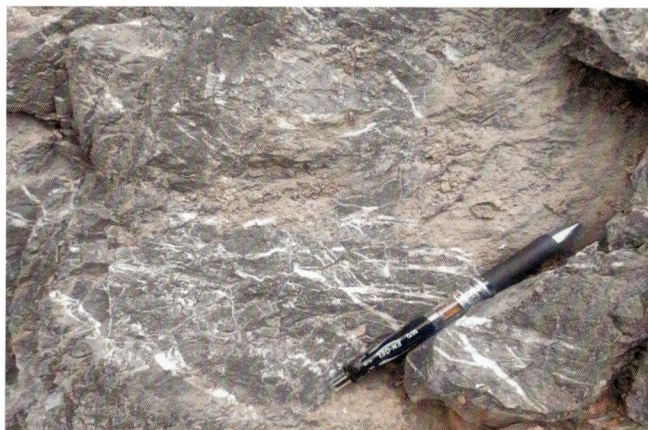

图 5-40　雁行节理

灯影组浅灰色厚层-块状白云岩中，节理构造十分发育，并被方解石脉填充，方解石脉的组合形式有平行式、雁列式和火炬式几种类型。该处可以看出多组雁行节理，这些雁行节理都属张节理，S 形者属左行雁行节理，反 S 形者属右行雁行节理。有两组雁行节理共轭，由一左一右雁行节理交叉构成火炬状节理，为共轭剪切作用形成，在交叉部位是平行张节理，平行张节理与主应力方向一致，它们与雁行节理属同一构造应力场产物，在这里两组共轭剪切节理，它的夹角分别是 100°和 67°。通过观察，可知共轭雁行节理的主应力方向应该是近东西向。

火炬状张节理又被以北北西向晚期形成的右行及左行的节理切割，系列脉体被顺层剪切变形所切割，反映其形成早于顺层剪切变形，但是这些脉体又被一组近南北向，高角度剪节理截切割，因此其形成应早于近南北向的剪节理。

【点位 2】白氏溪桥北侧约 50 m 的公路旁

【点义】白氏溪桥背斜南翼不对称褶皱构造观察

【教学点内容】点位出露寒武系天河板组地层，为一套浅灰色、深灰色薄层状泥质条带灰岩，夹中层状灰岩，岩层产状为 355°∠67°。不对称褶皱构造的形成是由于水平方面的挤压形成了顺层剪切作用，受顺层剪切变形影响，发育系列不对称褶皱构造。不对称的褶皱，反映了物质运动方向，为逆向顺层剪切滑动。南翼见大量的 S 形寄生褶皱，观察 S 形和 Z 形褶皱时，要注意从长翼出发，其形态呈 S 形，即为 S 形褶皱（图 5-41）；其形态呈 Z 形即是 Z 形褶皱。

图 5-41 S 形不对称褶皱构造

寄生褶皱的包络面，它的产状代表了层面产状，因此产状要测其包络面，即包络面的产状就代表层理的产状。寄生褶皱枢纽产状与褶皱枢纽产状是一致的；寄生褶皱弯曲方向，指向褶皱的转折端，主要是外侧的剪切方向。据此，往北会发现背斜构造，往南出现向斜构造，点位处出现复式 S 形寄生褶皱，它是由 S-M-S 形的褶皱构成，整体看依然是 S 形。

天河板组地层中见有逆断层，地层产状为 155°∠57°，断层面产状为 5°∠64°（图 5-42）。断层判断依据：①标志层被错开；②有明显的断层面；③有构造透镜体；④有牵引构造。该断层是白氏溪桥背斜的伴生构造，是由水平挤压作用，形成白氏溪桥背斜，进一步挤压，就会在剪切面方向形成剪节理，剪节理进一步发展就会演化成逆断层，在背斜的另一翼，同样会形成一个逆断层，这两条断层是共轭的，是背冲逆断层组合，看两条或两条以上高角度冲断层，这就是断层面，倾角大于 45°的逆断层，它的倾向相对中间盘上升，称之为背冲断层。

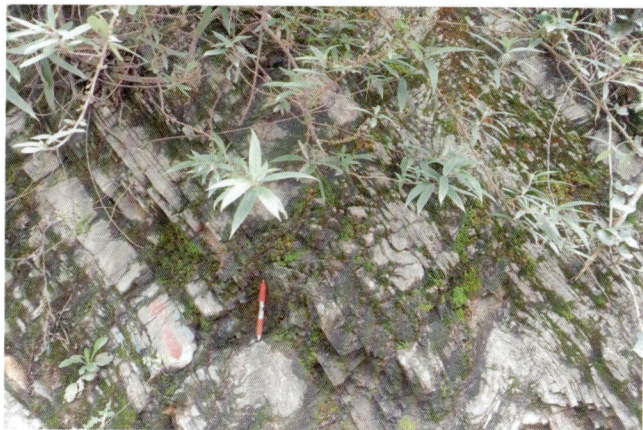

图 5-42　天河板组逆断层

点间 1：从点位 2 往北走 20 m

观察描述：沿途为天河板组地层，是一套泥质条带灰岩，20 m 处为白氏溪桥背斜转折端（图 5-43）。此处观察为寒武系天河板组地层，为浅灰色、深灰色薄层状泥质条带灰岩，夹中层状灰岩组成的直立倾伏褶皱，由中（薄）层状灰岩组成圆柱状能干层褶皱转折端。它的南翼地层产状为 152°∠41°，北翼地层产状为 10°∠40°，枢纽产状为 85°∠19°，轴面近东西向，近于直立，能干层上、下薄层泥质条带灰岩为非能干层，组成一系列寄生褶皱。白氏溪桥背斜转折端处被植被覆盖，这是因为背斜形成的过程中，背斜转折端是一个拉张环境，在张应力作用下形成了张节理，风化后，节理中充填有土壤，这就导致了植物的生长。

图 5-43　白氏溪桥背斜

点间 2：从点间 1 的 20 m 处向北走约 10 m，到达 30 m 处

观察描述：沿途为天河板组地层，是一套泥质条带灰岩，30 m 处为白氏溪桥背斜北翼 Z 形寄生褶皱。北翼发育有 Z 形寄生褶皱，是由于水平方向的挤压，形成顺层剪切作用，受顺层剪切变形的影响，发育系列不对称褶皱构造。

在白氏溪桥北翼，还可以看到顺层滑动形成的箱状褶皱（图5-44）。箱状褶皱，是指两翼产状较陡，转折端较为平坦而宽厚，形似箱子的褶皱。箱状褶皱具有两个枢纽和一对共轭轴面，箱状褶皱在纵向剖面上，底部是隔挡褶皱，中部是箱状褶皱，上部为隔槽褶皱，这是它们的几何堆积规律，属于侏罗山系褶皱的基本类型。这类褶皱的出现说明发生了滑脱作用，表明在硬质基底产生了滑脱作用。这里箱状褶皱底部就是隔挡褶皱，在其下部是稍厚的灰岩层，隔挡褶皱就是在它上面的滑动形成的。

注意一点，S形和Z形寄生褶皱（图5-45），不一定固定出现背斜的哪一翼，这里是在挤压背景下造成的分布情况，但是如果是在生长情况下，其分布的位置是相反的，但是不管是什么背景，寄生褶皱所指示的方向是不变的，可以通过这一点来追踪大褶皱的转折端，判断其总体大褶皱是背斜还是向斜。

白氏溪桥北翼还可见一正断层（图5-46），该断层的判断依据：①有明显的断裂面；②有构造透镜体；③有牵引构造。断层的性质是正断层，判断依据：①依据牵引构造，它的弯曲方向可以判断它是正断层；②构造透镜体，构造透镜体与断层面呈锐角方向，指向对盘运动方向。

图5-44　白氏溪桥北翼箱状褶皱

图5-45　白氏溪桥北翼Z形褶皱

图 5-46　白氏溪桥北翼正断层

【**点位 3**】白氏溪桥北约 300 m 马路西侧

【**点义**】天河板组和石龙洞组地层界线观察点(图 5-47)

【**教学点内容**】点南出露天河板组地层,它是一套灰色薄层状灰岩,夹中厚层状灰岩组合,岩石新鲜面深灰色,细晶结构,薄-中厚层构造,单层厚度 30～50 cm,主要矿物成分为细晶方解石,约占 95%,泥质、粉砂质少许,岩石具贝壳状断口、致密,小刀可以刻动,薄层状泥质条带灰岩,发育 Z 形寄生褶皱。点北出露石龙洞组,深灰色至褐色,中到厚层白云岩,与灰色薄层状白云岩组合,岩石新鲜面,岩石新鲜面深灰-褐色,细晶结构,主要成分为细晶白云石,含量约 90%,地层产状为 0°∠40°。沿路线向北岩层厚度,呈厚-薄-厚变化,两者的接触关系为整合接触,判断依据:产状一致、沉积环境相近。

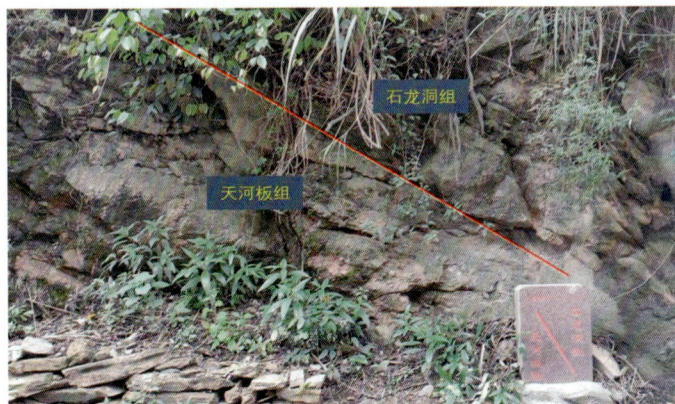

图 5-47　石龙洞组与天河板组地层界线

【**点位 4**】上一点位往北约 10 m

【**点义**】覃家庙组和石龙洞组地层分界点(图 5-48)

【**教学点内容**】点南出露石龙洞组地层,为深灰至褐色中-厚层状白云岩,与深灰色薄层状白云岩组合。点北出露覃家庙组地层,其特征是有灰色至深灰色的薄层状白云岩,白云质灰岩加少量的泥岩,地层产状为4°∠49°。石龙洞组和覃家庙组接触关系为整合接触,判断依据为产状一致,沉积环境相近。

图5-48 石龙洞组与覃家庙组地层界线

【点位5】清江园林景观石销售中心马路对面

【点义】覃家庙组和娄山关组地层分界点(图5-49)

【教学点内容】点南出露覃家庙组地层,为灰到深灰色,薄层状白云岩、白云质灰岩,风化面呈灰色,新鲜面深灰色细晶结构,中薄层构造,由细晶方解石组成,含量15%,白云石含量15%,局部有刀砍纹,层理产状为4°∠49°。点北为娄山关组,浅灰色厚层状白云岩和角砾状白云岩,它是一套组合浅灰色厚层状白云岩,岩石新鲜面浅灰色,细晶结构厚层状构造,主要成分为细晶白云石,白云石含量约90%。角砾状白云岩与岩石具内碎屑结构,角砾多呈棱角状、次棱角状,钙质胶结(图5-50)。覃家庙组和娄山关组的接触关系为整合接触,判断依据为产状一致,沉积环境相近。

图5-49 娄山关组与覃家庙组地层界线

图 5-50 娄山关组白云角砾岩

【点位 6】交警队前 20 m 河对面

【点义】娄山关叠层石、古岩溶现象观察(图 5-51)

【教学点内容】点位处为娄山关组地层,是一套浅灰色厚层状的白云岩,岩石新鲜面浅灰色、细晶结构,厚层状构造,主要成分为细晶白云石,含量约占 90%。在点位处还可以看到叠层石构造,所谓叠层石,它是一种化学沉积中最常见的准化石,是原核生物所建造的有机沉积结构,由于蓝藻等低级微生物的生命活动,所引起的周期性矿物沉淀,沉积物的捕获和胶结作用,从而形成了明层,明层就是富屑纹层,代表的是白天,暗层是富藻纹层,代表是晚上。相间的叠层状的生物沉积构造,因纵剖面呈向上凸起的弧形,锥形叠层状,如倒扣的一叠碗,故名为叠层石。

娄山关组古岩溶作用,点位上可以看到溶洞,该溶洞除了能见到洞穴之外,还能观察到小型钟乳垂直于层面生长,表明该溶洞是在地层发生倾斜之前形成的,故称之为古溶洞。这里岩溶作用的构造条件可能与本地区缝合线构造相关。

图 5-51 叠层石化石

缝合线是一种压溶构造碳酸盐中常见的构造(图 5-52)。其成因有争议,但多数认为主要受上覆地层压力和温度作用所形成的溶蚀。剖面上呈锯齿状的曲线,平面上呈现为参差不平、凹凸不平的面，立体上呈现下凹与凸起大小不等的柱体，大小相差甚远，有的参差起伏十分明显，有的则较平坦，以至逐渐与层面一致而消失。由于缝合线属构造薄弱环境，遇水易溶蚀，所以形成了该地区的岩溶作用。

图 5-52　古岩溶作用缝合线构造

【点位 7】上一点位处往前 10 m 马路西侧(324 省道 3 km+100 m 处)

【点义】南津关组和娄山关组地层分界点(图 5-53)

【教学点内容】点南为娄山关组厚层粗粒白云岩及角砾白云岩。有时出现巨厚层白云岩，风化后呈现褐黄色，很容易辨认。点北为南津关组灰色厚层到中薄层灰岩，含藻屑等生物碎屑灰岩，纹层清楚。地层产状为 15°∠14°，两者为整合接触关系，它的判断依据为产状一致，沉积环境相近。

图 5-53　南津关组和娄山关组地层分界

点间 3：从点 6 往北走 400 m

观察描述：沿途为南津关组灰色厚层到中薄层灰岩，含藻屑等生物碎屑灰岩，地层产状由平缓的北倾，逐渐转变为平缓的南倾，该向斜称为梁山向斜，该向斜核部为南津关组，两翼地层为娄山关组，它的南翼地层产状为 15°∠14°，北翼地层产状为 130°∠20°。

【点位 8】324 省道 2 km+700 m 处

【点义】南津关组和娄山关组地层分界点(图 5-54)

【教学点内容】点北为娄山关组厚层状白云岩,地层产状为 130°∠20°。点南为南津关组厚层状灰黑色含藻屑灰岩,两者为整合接触,依据为产状一致,沉积环境相近。地层变为向南倾斜,到南津关组地层便往南倾,因此此处为向斜的北翼。

图 5-54　南津关组和娄山关组地层分界

【点位 9】红岩一桥往南 150 m(肖家大院对面)

【点义】奥陶系南津关组与分乡组地层界线点(图 5-55)

【教学点内容】点南为下奥陶统南津关组地层,灰色厚层状灰岩,角砾状灰岩,灰质白云岩及鲕状灰岩,鲕状灰岩主要组成成分为碳酸钙,是水体动荡环境下形成的,小于 2 mm 的粒径颗粒,称为鲕粒。南津关组地层产状为 45°∠68°。点北为分乡组地层,灰色中薄层生物碎屑灰岩,鲕状灰岩,夹泥岩、页岩,含有舌形贝化石。分乡组与南津关组接触关系为整合接触,判断依据为沉积环境相近,产状一致。

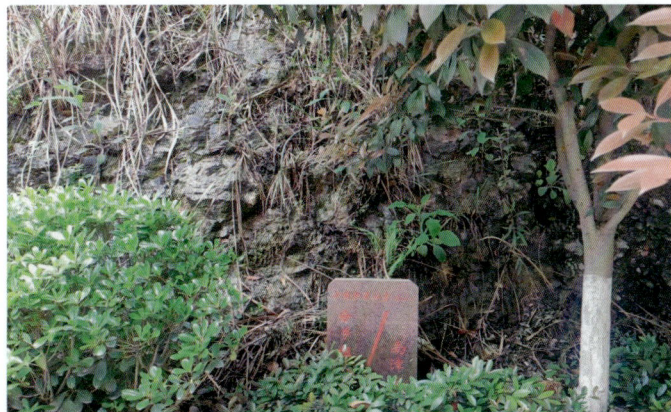

图 5-55　南津关组和分乡组地层界线

【点位10】红岩一桥往南90 m

【点义】奥陶系分乡组与红花园组地层界线点(图5-56)

【教学点内容】点南为下奥陶统分乡组,它是一套灰色中薄层状生物碎屑灰岩,鲕状灰岩,夹泥岩、页岩,含有舌形贝化石,地层产状为45°∠68°。点北为下奥陶统红花园组,它是一套灰色中薄层状生物碎屑灰岩,地层产状与点南一致,两者接触关系为整合接触,依据为沉积环境相近,产状一致。

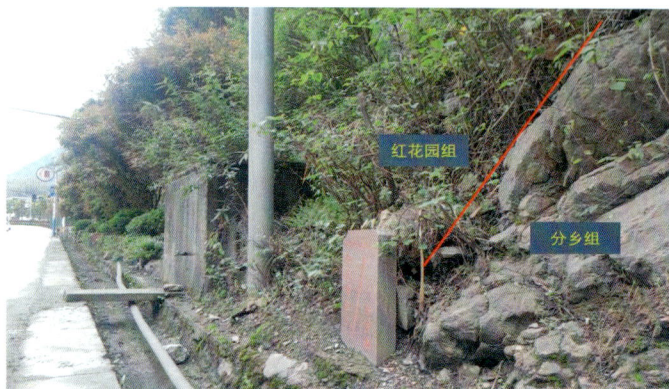

图5-56　分乡组和红花园组地层界线

【点位11】红岩一桥南桥头

【点义】大湾组与红花园组地层界线点(图5-57)

【教学点内容】点南为下奥陶统红花园组,灰色中薄层的生物碎屑灰岩,地层产状为45°∠68°。点北为下奥陶统大湾组,灰到灰绿色的中厚层状泥质灰岩,夹灰绿色泥岩、页岩,区域上发育瘤状灰岩,含扬子贝化石,地层产状与点南一致,接触关系为整合接触,判断依据为产状一致,沉积环境相近。

图5-57　大湾组和红花园组地层界线

【思考题】

(1)褶皱构造类型有哪些?

(2)节理性质与发育特征如何影响岩体工程性质?

(3)研究褶皱有何意义?

5.2.2　路线 7　九畹溪—仙女山断裂现象

图 5-58 为线路 7 示意图。

【知识点】大断裂、活断层、断层泉

该路线主要为断层断裂的识别和观察路线,主要任务及要求如下。

(1)通过九畹溪—仙女山断裂的识别和观察,学习区域性活断层的观察和分析方法。

(2)从断裂带的地貌特征、断裂两盘地层、破碎带特征、泉水出露及活动性角度认识仙女山断裂的特征,测量构造要素的产状,判断构造属性或类型,绘制构造现象素描图(剖面图),记录和描述构造现象,分析活断层研究的工程地质意义。

图 5-58　路线 7 示意图

【点位 1】界垭

【点义】九畹溪断裂带观察

【教学点内容】

(1)从宏观地貌特征,认识地貌与断裂的联系。

(2)从地层对比及断层伴生构造现象,观察、认识断层现象。

(3)绘制断裂剖面图。

首先远观宏观地貌特征,从线状延伸、深切沟谷地貌现象,初步判断断裂存在的可能性,介绍断裂影响地貌的方式及断裂地貌的主要特点。然后沿垭口东侧便道观察岩性、岩石结构、产状等特点,分析判断地层层位,观察断裂影响带内岩石重结晶及强烈发育方解石脉现象,观察破裂面上发育的擦痕,认识阶步、反阶步现象,判断滑动方向,测量线理产状;在垭口西侧观察岩性,测量岩层产状。最后根据观察到的现象,综合分析断裂特征,绘制断裂剖面图。图 5-59 为断层面擦痕与阶步。

图 5-59　断层面擦痕与阶步

【点位2】周坪东山梁

【点义】仙女山断裂带观察

【教学点内容】

(1)从宏观地貌特征，认识地貌与断层的联系。

(2)观察断层破碎带特征，认识构造透镜体及片理化现象，判断断层性质。

(3)绘制断层剖面图。

往南远观宏观地貌特征，判断断层延伸部位。观察断层破碎带，从西往东穿过破碎带，介绍地层岩性、产状、结构等变化现象，认识断层带重结晶、灰岩透镜化、片理化现象，根据透镜体的排列方位，分析判断断裂活动性质。从本点进一步理解断层带的概念，总结断层长期、多期活动的可能性。图 5-60 为断层片理化现象(断层破碎带)。

图 5-60　断层片理化现象(断层破碎带)

【**点位 3**】周坪东山梁东岩溶泉水点

【**点义**】断层与泉水形成关系

【**教学点内容**】

(1)观察岩溶泉出露特征,包括出露部位、岩性条件、流量等特征。

(2)分析岩溶泉形成条件及与断裂带的关系。

(3)绘制剖面图。

(4)到泉眼出露部位观察岩溶泉特征,从地貌、岩性及断裂角度,分析岩溶泉产出条件。

图 5-61 为点位处岩溶泉,图 5-62 为断层角砾岩。

图 5-61　点位处岩溶泉

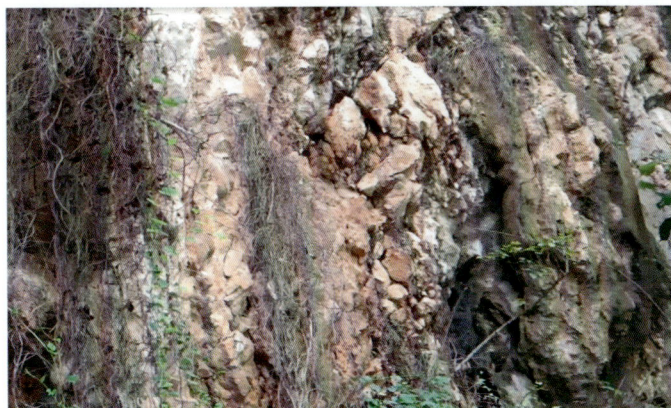

图 5-62　断层角砾岩

【**点位 4**】周坪东山梁

【**点义**】断层监测方法

【**教学点内容**】

仙女山断裂监测点,包括地表位移测量点和隧洞应变、位移监测。

在点位 2 的教学内容完成后,参观仙女山断裂带地面变形监测点,介绍监测原理;在看完岩溶泉(点位 3)后,顺道参观仙女山断裂监测隧洞,介绍其中设置有应变、位移等监测措施。总结介绍仙女山断裂区域展布情况、地震活动性,介绍活断层的概念、活断层的研究方法、活断层的识别标志及研究活断层的工程意义，以及三峡工程诱发地震的研究。

【思考题】

(1)大断裂野外有哪些识别标志?

(2)研究活断层有何意义?

(3)岩溶泉的形成条件有哪些?

5.2.3　路线 8　银杏沱岩体节理统计

图 5-63 为线路 8 示意图。

【知识点】岩体结构面、节理统计、边坡岩体稳定性

银杏沱地区测结构面。主要任务为练习野外结构面测量，并依据测量数据给出边坡稳定性判断。

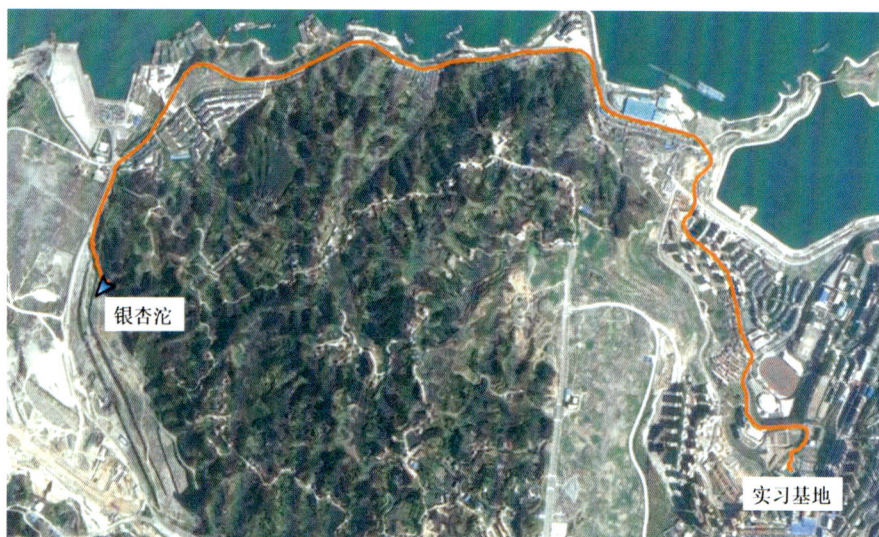

图 5-63　路线 8 示意图

【点位 1】银杏沱公路旁

【点义】岩体节理认识与统计

【教学点内容】点位位于银杏沱公路旁，应建设物流园和开挖切坡而成，可见一人工斜坡，最高处约为 40 m，风化界限带的分布与斜坡地形起伏不平行，从上至下可依次划分为全风化带、强风化带、中风化带、微风化带花岗岩。全风化带为灰黄色、褐色，原岩成分已大部分黏土化，厚度约为 8 m；强风化带为灰色、灰黄色，碎块状，结构面发育；中风化带表面为灰黑色，发育有裂隙；微风化带表面风化痕迹少，基本呈现原岩形貌。

结构面测量主要从几何特征、地质特征和形成时期先后关系等方面进行，具体为倾向、倾角、半迹长、隙宽、端点类型、结构面类型、粗糙度和充填胶结状态等内容。分组对不同段边坡进行测量，每组测 100~150 个节理面数据，并于之后制成玫瑰花图或赤平投影图，最后每组就所负责区段内结构面控制的潜在破坏面给出稳定性判断。边坡较陡，岩体稳定性较

差，应戴安全帽，并随时观察避开危险岩体(图5-64~图5-66)。

图5-64　银杏沱人工高边坡

图5-65　边坡自上至下风化程度不同

图5-66　边坡稳定性由结构面控制

节理统计结果作图，主要包括赤平投影和玫瑰花图。

(1)极射赤平投影简称赤平投影，主要用来表示线、面的方向及其它们之间的角距关系和运动规律。赤平投影是以圆球体作为投影工具，将物体三维空间的几何要素(线、面)投影到平面上进行研究。其统计作图方法以一条产状为NE20°∠70°的节理为例，用透明纸张蒙在网(赖特网)上，则以北为0°，顺时针数20°(倾向度数)，再由圆心到圆周数70°(倾角度数)定点，该点即为节理法线的投影，表示这条节理的产状。图 5-67 为节理赤平投影示意图。

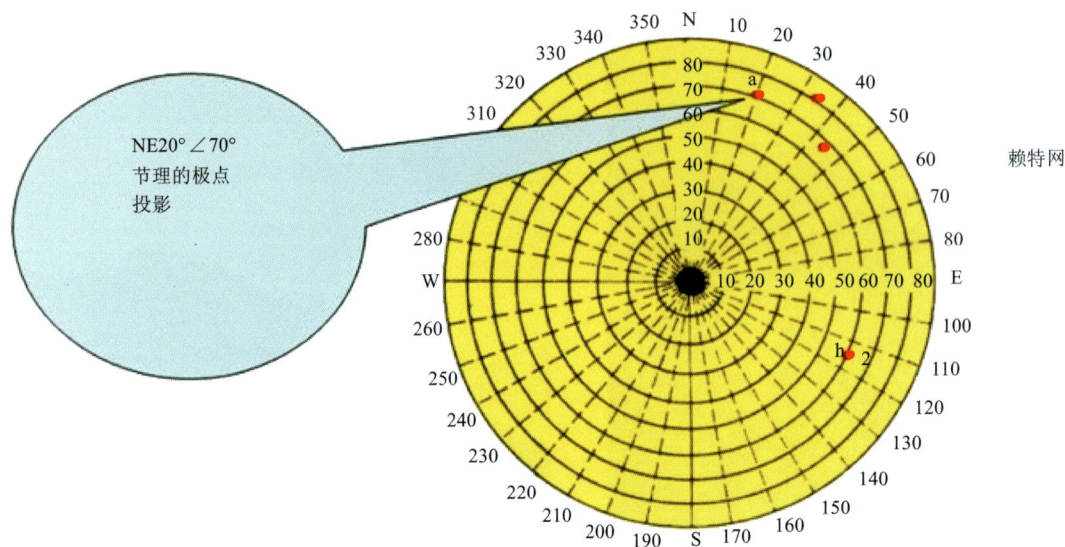

图 5-67　节理赤平投影示意图

（2）玫瑰花图，包括走向玫瑰花图以及倾向玫瑰花图（图 5 -68）。它反映观测地段各组节理的发育程度，并且能够明显地看出优势方位，是野外地质工作中常用的节理统计图件。其统计作图的步骤为：①现场系统测量各组节理的走向、倾向、倾角，观察节理面特征和节理中的充填物；②室内统计各走向或倾向方位的节理条数，以 10° 为间距分组统计；③走向在半圆（倾向在全圆）上进行作图。作图时以圆的半径线表示走向线（倾向线），以半径长度按一定的比例表示该方位的节理条数；④连接所截取各半径长度的端点而得到玫瑰花图。

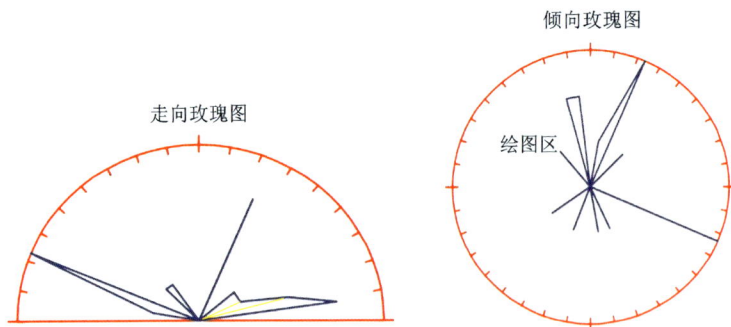

图 5-68　走向与倾向玫瑰花图

【思考题】

（1）野外节理统计需要观察描述与测量哪些内容？

（2）节理发育特征与岩石边坡稳定性有何关系？

第 6 章

工程地质部分实践教学

6.1 斜坡地质灾害及其防治

实习区长江等深大峡谷发育，加上交通公路边坡开挖，形成大量高陡斜坡地貌，在特定地段岩性、构造等条件下形成大量崩塌、滑坡体。类型有堆积土层崩滑体和基岩崩滑体，有顺层发育的也有切层发育的，规模有大有小，较大规模者达 12500 万 m^3 左右。有的处于稳定状态，有的不稳定，绝大多数已治理。

三峡库区二、三期治理工程中，对其中危险性大的滑坡、危岩体及库岸进行了治理。实习区内主要有链子崖危岩体、新滩滑坡、中心花园滑坡、金钗湾滑坡、聚集坊崩塌危岩体、凤凰山库岸、上校仁库岸、狮子包滑坡等。

聚集坊崩塌危岩治理工程，保证了秭归—巴东沿江公路和长江航道的安全畅通；兴山县游峡石段崩塌滑坡治理工程，保证了兴山—秭归和兴山—宜昌公路的交通畅通。

长江三峡工程库区崩塌滑坡发育。经历年调查，在 1380 km 长的干流库岸发现体积大于 $10 \times 10^4 m^3$ 的崩塌滑坡及危岩变形体共 428 个，总体积达 276576.19$\times 10^4 m^3$；31 条主要支流约 1651 km 长的库岸 126 个，体积 145024$\times 10^4 m^3$。

崩塌、滑坡的分布，很大程度上取决于河谷段的顺向岸坡段，滑坡密集。当河流横穿背斜峡谷时，崩塌、滑坡主要发生在背斜两翼，即峡谷的进、出口段，如兵书宝剑峡出口的新滩滑坡。

6.1.1 路线 9 链子崖危岩体与新滩滑坡

图 6-1 为线路 9 示意图。

【知识点】危岩、崩塌、滑坡、地质灾害防治、地层层序

路线主要任务及要求：

(1)了解新滩滑坡的地质地貌特征及滑坡形成分析。

(2)了解链子崖危岩体的地质地貌特征及地质灾害防治工程。

(3)观察志留系—二叠系地层岩性基本特征。

图 6-1　路线 9 示意图

【点位 1】链子崖景区入口处(观察江北岸)

【点义】新滩滑坡观察点

【教学点内容】

1. 新滩滑坡描述

1985 年 6 月 12 日凌晨 3 时 45 分在湖北省宜昌市秭归县新滩镇发生的大滑坡。1985 年 6 月 10 日凌晨 4 点 15 分，首先在姜家坡坎下西南沟槽发生了约 70 万 m³ 的崩滑。6 月 12 日 3 点 30 分首先在西侧产生闷雷般的巨大响声，15 分钟之后。东侧也发生巨大响声，随之，有约 60 万 m³ 的土石从姜家坡脚下冲出，前缘主滑体沿西侧沟槽向西南直扑快速入江，形成高出水面长约 93 m、宽 250 m 的扇形滑舌。滑坡总方量约 3000 万 m³。据水下地形测量，滑舌前缘在水下抵达对岸，使河床抬高，入江方量达 200 多万 m³。瞬时，长江江面产生高 54 m 涌浪。巨大的滑坡体一举将千年古镇新滩镇全部摧毁，所产生的巨大涌浪将新滩镇上下游共约 10 km 区域击毁、击沉木船 64 只，小型机动船 13 艘，船员 10 人遇难。

新滩滑坡属于古滑坡复活，滑坡后缘高程 900 m，前缘高程 60 m，为三峡水库蓄水前的高程，纵长约 2 km，后缘窄约 200 m，前缘宽达 800 m，面积 1.1 km²，平均坡度 23°。在滑坡中部姜家坡地段，有走向北东 30° 的陡坎地形，高 40~80 m，坡度 50°~60°，将老滑坡分为上下两段。上段称为姜家坡段滑坡体，下段称新滩段滑坡体。滑坡后缘及西侧边界为泥盆系砂岩、二叠系石灰岩组成的基岩陡壁，东侧边界切割于古滑坡堆积层中。滑坡堆积物一般厚 30~40 m，左侧薄、右侧厚，姜家坡西侧至高家岭一带厚度 80 m 以上，最厚达 110 m，总体积 3000 多万 m³。堆积物以崩积碎块石夹黏土为主，下伏基岩面为志留系砂岩、页岩、泥岩。根据竖井揭露，滑动带为棕红色黏土，厚度 0.3~0.8 m，含少量粒径 0.5~1 cm 磨圆度好的小砾石，天然呈潮湿状态，滑动面有磨光镜面和擦痕分布。

由于湖北省西陵峡岩崩工作组十余年的调查研究和动态监测，较准确地做好了临时预警，当地政府及时组织群众撤离，致使滑坡区 457 户共计 1371 人的新滩镇无一人伤亡，从而避免了一场大灾难。

2. 新滩滑坡成因分析

(1)地层岩性因素：新滩滑坡体物质为古滑坡堆积物，岩性为志留系的砂岩、泥岩、页岩、泥盆系的砂岩和二叠系的石灰岩崩塌堆积物，滑床为志留系地层，相对软弱，不透水。

斜坡地层岩性结构特点是上部坚硬，下部软弱。这样的地层结构易于形成陡崖并导致崩塌持续发生，为滑坡提供上部的物质来源与推动力。软弱的志留系泥岩、砂岩容易被侵蚀成为缓坡与凹槽，为陡崖崩落物质提供了堆积场所。崩塌堆积物不断积累增厚，形成了滑体的主体物质，同时也成为地表及地下水汇聚和活跃的地方。

（2）地质构造因素：三峡地区新构造运动呈现地壳大面积隆起上升、长江深切，滑坡所在位置处在西陵峡区段的兵书宝剑峡的出口位置，滑坡西面为仙女山断裂带，东侧为九畹溪断裂带，新滩滑坡处于两条断裂之间，受到构造变动影响，岩石相对破碎，易于崩塌，为持续不断崩塌作用提供了前提条件。

（3）地形地貌因素：新滩滑坡位于兵书宝剑峡出口，地形起伏大，坡度陡，滑坡右侧和后部是由二叠系的石灰岩组成的陡崖地形，由于岩体中的裂隙发育、地壳上升，滑坡后部广家崖一带石灰岩崩塌事件多发，构成了新滩滑坡的物质来源。由于地形坡度陡，上部堆积物与基岩接触界面倾角大，堆积体的稳定性较差，极易形成新滩滑坡的推动力。

（4）水文气象因素：新滩滑坡位于鄂西暴雨区，暴雨多集中在每年的 6 月到 7 月，暴雨使得地表水来不及排泄，而不断透过滑体下渗，滑床又是志留系的地层，不透水，堆积物结构松散，有利于雨水下渗，从而导致滑动面软化、强度降低，滑体重量同时增加，并形成动水压力，破坏了斜坡原来的平衡状态，容易沿基岩面与古堆积层界面产生滑动。因此，大强度的集中降雨，是促使滑坡复活的重要因素。

（5）河流动力因素：由于新滩滑坡的特殊位置，地形狭窄，古滑坡的周期性复活，堆积物不断填高河床，从而造成长江断面流速增大，断面流速的增大导致了河流侵蚀能力加大，促使古滑坡堆积物不断被冲蚀，当前一次滑动堆积于滑坡前缘的物质被长江不断冲蚀之后，滑坡的前缘阻滑能力下降，发展到一定程度，在其他因素的综合作用下，便会引发下一次的滑动，从而导致滑坡周期性复活。

3. 新滩滑坡复活的主导因素

滑坡体后缘广家崖危岩逐年崩塌加载，主动滑移区堆积物不断积累，土石体在斜坡上的下滑力和地下水的静、动水压力，逐渐达到并超过抗滑力的结果，崩坡积物不断增厚与连续的降雨渗入，是导致新滩滑坡滑动的根本原因或主要动力，故新滩滑坡属崩塌加载复合型滑坡。

4. 新滩滑坡的变形历史

新滩滑坡（图 6-2）的监测工作始于 1977 年 11 月，建有点线面相结合的系统观测网络，是滑坡预报成功的关键。滑坡变化过程，滑坡前斜坡位移主要发生在上段姜家坡，根据位移观测资料和实地调查分析，滑坡的发展经历了缓慢变形，到匀速变形到加速变形，最后发展为急剧变形四个阶段。

【点位 2】链子崖观景台

【点义】链子崖危岩体观察点（图 6-3）

【教学点内容】链子崖危岩体位于长江西陵峡的兵书宝剑峡出口处南岸，与北岸新滩滑坡隔江对峙，紧扼川江航道咽喉；下距三峡水利枢纽工程 26.5 km，地处西陵峡新滩崩塌、滑坡频发区，历史上曾发生崩塌、滑坡 14 次。列为重大地质灾害专项治理工程，现已完成危岩体防治工程任务。

图6-2 新滩滑坡遗址

图6-3 链子崖危岩体

1.危岩区地质环境

(1)地层岩性。

链子崖地段,自东至西依次出露志留系至二叠系地层,第四系松散堆积物仅在局部地段分布。其中,志留系、泥盆系砂页岩构成猴子岭堆积层斜坡的滑床,堆积物为崩积块石;二叠系以厚层石灰岩为主,其间夹数十层薄层炭质页岩,构成陡崖与危岩体;二叠系底部(马鞍段)1.6~4.2 m厚的煤系地层组成危岩体的软弱基座;软基座下为石炭系黄龙灰岩。

(2)地质构造与地震。

链子崖危岩区位于黄陵背斜西翼,地层呈单斜构造,位于北北东向仙女山和北北西向九畹溪两活动性断裂之间,构造裂隙发育。频繁的微弱地震是本区的地震特点。

(3)水文地质。

区内地下水主要有碳酸盐岩岩溶水和碎屑岩裂隙水两大类。含水层与隔水层相间分布,构成多层状水文地质结构。栖霞灰岩为强透水体。地下水主要靠大气降水补给。地表水顺裂缝下渗,以管道岩溶裂隙水为主。链子崖地处鄂西暴雨区内,雨量充沛,具有多雨、久雨、暴雨的特点。

2. 危岩体工程地质特征

(1) 岩体结构特征。

链子崖危岩体由岩石块体、各种结构面(软弱夹层、裂隙、断层等)及块体之间的空隙、空区所组成。其结构特征主要受地层岩性、地质构造和外动力因素所制约。底部为煤层,其上为中厚层状灰岩夹若干层薄层状炭质页岩,总体为二元结构。危岩区内发育两个独立的岩溶系统。危岩下煤层老采区内采空率为 68%~90%,部分用矿渣回填。

(2) 危岩体裂缝发育特征。

裂缝是链子崖危岩的主要特征。经多年详细勘察证实,链子崖危岩被 58 条裂缝肢解。其中,规模较大的 T0—T13 号缝,长 25~160 m,张开宽 0.1~5.2 m,切深 49~148 m,T1、T2、T3、T4、T5、T6、T8、T9、T11、T12 等缝均下延至煤系的 R001 软层。裂缝大多追踪构造结构面发育,如 T6、T8、T9、T1 缝,分别追踪 F7、F26、F9、F3 断层发育,T0—T5 缝明显追踪构造裂隙呈"之"字形转折。

3. 危岩体形成机制

危岩体形成机制比较复杂,有地质与人类工程活动等多方面的影响因素,其中以追踪构造裂隙的崖壁卸荷开裂和崖下挖煤采空诱发的地面变形占主导地位。

(1) 危岩体岩石上硬下软,底部由软弱煤系地层形成软基座。在此岩层组合条件下,底部煤系层及炭质页岩等软层在上覆岩体重力作用下,易产生塑性变形,并导致上部易产生脆性破裂的坚硬岩层开裂。

(2) 危岩体裂缝的形成和发展,明显受构造的控制,主裂缝追踪断层和裂隙发育。构造断裂的切割,为岩体的破坏提供了有利的边界条件。

(3) 自第四纪以来,三峡地区整体抬升,江水迅速下切,形成高陡临空面,并在此过程中产生较强的卸荷作用,使坡体产生卸荷裂隙,且大多追踪构造面发育,逐渐形成地表裂缝。

(4) 底部煤层采空是形成链子崖大规模山体开裂和变形的最大、最直接的原因。其他还有水的作用、岩体的重力作用、江水掏蚀作用、地震作用、爆破振动作用和温差效应等内外营力作用等。

4. 危岩体变形特征

链子崖危岩区裂缝及其分割岩体有以下变形特征:

(1) T0—T6 缝区变形规律是:裂缝作相对张开、合拢、位错及不均匀下沉变化,南、西边界 T2、T6 张开,缝内充填物下沉;T2—T6 缝北东侧岩体有下沉变化,并朝北东向(临空陡壁)累进位移,处于匀速变形向加速变形发展的状态,尤以 T5-3—T6 缝割裂岩体变形为甚,有率先倾倒崩塌之势。

(2) T8—T12 缝区变形发展趋势是:裂缝作相对张开、闭合、位错及下沉变化,T8 缝以张开为主,T9 缝闭合,T12 缝位错、下沉,T15 缝张开。总体处于不均匀沉陷和局部蠕动滑移的匀速变形阶段。近陡崖处地面与前缘的块体变形活跃;崖下 PD1 和 PD6 探硐内变化显示山压加强;前缘 5 万 m^3 危岩和 7000 m^3 滑体宏观变形强烈,有向加速变形发展的趋势,抓住有利时机,及早防治,很有必要。

(3) 从 T5-3—T6 缝间危岩和 5 万 m^3 危岩所处地质条件、地貌特征及变形迹象、位移速率、发展势态与崩塌历史综合分析,预测前者较后者先发生失稳破坏。但因后者临近江边,危害严重,事关重大,故应予高度重视。

(4)T7缝区危岩和雷劈石古滑坡有位移显示，但还不明显，有待继续观测。核桃背山体处于稳定状态，对倾伏于其上的T8—T12缝区危岩体起了支撑阻滑作用。

危岩体变形的主要影响因素：

链子崖危岩区山体开裂变形，有自然地质与人为活动等多方面的影响因素，如岩层组合、构造切割、临空卸荷、岩体重力、地震、大气降雨和挖煤采空、坑槽硐探、钻探、爆破震动等。其中，以陡崖卸荷开裂和挖煤采空诱发的地面变形占主导地位。链子崖地形、地质条件复杂，监测环境恶劣，现今岩体变形的主要影响因素是挖煤采空和不适当的人类工程活动(坑槽硐、钻探施工)以及雨水的作用。

5.危岩体防治工程方案和监测

危岩体防治工程包括：

(1)煤层采空区承重阻滑工程；

(2)危岩体预应力锚索加固工程；

(3)危岩体喷锚支护工程；

(4)危岩体地表防排水工程；

(5)防冲拦石坝工程。

危岩体变形监测：

先后在链子崖危岩区选用了9种监测，即：①岩体位移监测；②裂缝变形监测；③一号平硐位移监测；④裂缝变化自动记录监测；⑤岩体声发射活动监测；⑥地面倾斜监测；⑦地下水动态监测；⑧核桃背应力变化监测；⑨环境因素(降雨量、气温、长江水位)监测。

【点位3】链子崖观景台过后200 m的路牌旁

【点义】纱帽组与云台观组地层界线点(图6-4)

【教学点内容】点东为志留系纱帽组地层，为砂岩、泥岩互层，往上砂岩增多。点西为泥盆系云台观组地层，灰白色厚层状至中厚层状细粒，石英砂岩夹含砾石石英砂岩，底部可见石英质砂岩。地层产状为315°∠24°。两者接触关系为平行不整合，两地层之间存在加里东运动。判断依据：①地层缺失，缺失志留系中统、上统、泥盆系下统；②存在底砾岩；③存在古风化壳；④生物演化不连续；⑤上下地层产状一致。

云台观组因其具有漂亮的沉积构造，被用作观赏石，冠名：三峡石。

图6-4 云台观组与纱帽组界线

【**点位 4**】链子崖景区双修亭下平台

【**点义**】泥盆系黄家磴组与云台观组地层界线点(图 6-5)

【**教学点内容**】点东为泥盆系云台观组地层,灰白色厚层状至中厚层状细粒石英砂岩。点西为黄家磴组地层,灰白色薄层细砂岩、粉砂岩夹泥岩。地层产状为 345°∠22°。接触关系为整合接触,判断依据为沉积环境相近,地层产状一致。黄家磴组产鲕状赤铁矿,被称为宁乡式铁矿。

图 6-5　黄家磴组与云台观组地层界线

【**点位 5**】链子崖景区双修亭边

【**点义**】栖霞组与梁山组地层界线(图 6-6)

【**教学点内容**】点东露头不好,根据沟底露头可判断为二叠系下统梁山组地层,区域上底部中厚层细砂岩、粉砂岩、泥岩及煤,上部黑色薄层泥岩夹灰岩。点西为栖霞组地层,栖霞组在本点形成一个大陡崖,为深灰色厚层至块状生屑微晶灰岩,夹泥质灰岩及燧石团块,因含大量生物,敲击后有臭味,又称为栖霞臭灰岩。因其颜色深于上覆的茅口组被称为"黑栖霞,白茅口",岩层含蜓及珊瑚等化石,区域上与石炭系地层为角度不整合接触。

图 6-6　栖霞组与梁山组界线

点间 1：双修亭后沿登山道前进 120 m 途间

观察描述：沿途出露栖霞组地层(图6-7)，为深灰色厚层至块状生屑微晶灰岩，沿途见珊瑚、海绵、钙藻化石及有孔虫等。栖霞组中的其他较小的化石有孔虫、钙藻及蜓类化石需要在显微镜下鉴定，特别是蜓化石，它是石炭系与二叠系的标准化石，具有确定地层时代意义。有孔虫，是一类古老的原生动物，五亿多年前就产生在海洋中至今种类繁多，由于有孔虫能够分泌钙质或硅质，形成外壳，而且壳上有一个大孔或多个细孔，以便伸出伪足，因此得名有孔虫。有孔虫是海洋食物链的一个环节，它的主要食物为硅藻及菌类、甲壳类幼虫等，个别种的食物是砂粒，有孔虫是浮游生物中重要的组成部分，也是大多数海洋生物的重要食物来源。栖霞组地层中还有一些特殊的沉积矿物，这里见到的是一种硫酸盐矿物天青石，因其呈菊花状集合体，又称为菊花石。

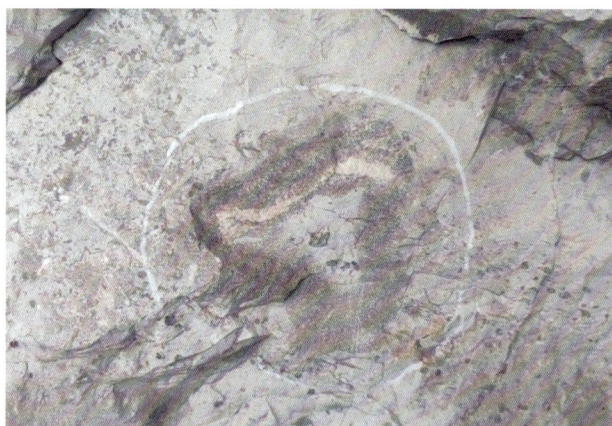

图 6-7 栖霞组化石

【点位 6】链子崖村西简易公路交汇处北 100 m 公路旁

【点义】茅口组地层观察(图6-8)

【教学点内容】二叠系茅口组地层，为浅灰色厚层至块状含泥生物泥晶灰岩，局部夹燧石条带，富含蜓类化石，为浅海沉积环境。

图 6-8 茅口组地层

点间 2：点位 6 向 334° 方向行进 337 m 至点位 7

观察描述：沿途为茅口组地层(图 6-9)，浅灰色厚层至块状含泥生物泥晶灰岩，白云质灰岩等，局部夹燧石条带，富含䗴类等化石。二叠系茅口组化石特征如下。

(1)海绵化石，海绵是一种造礁生物，早在寒武纪就出现了，它们的出现代表了正常浅海沉积环境。石海绵，俗称钙海绵，扁平、蘑菇状的海绵，平均大小 8 cm，具有许多房室组成的精密、复杂的结构，骨骼由四射骨针紧密搭接的框架构成，生活在水深 100~400 m 的海域。

图 6-9　茅口组海绵化石

(2)海百合茎化石(图 6-10)，存在于海百合茎生物碎屑灰岩中。海百合茎生物碎屑可以达到 80% 以上，它们的生存环境是一种浅滩环境。海百合茎的特征：每个单体表面很光滑，横截面呈圆形，在野外露头易于识别。

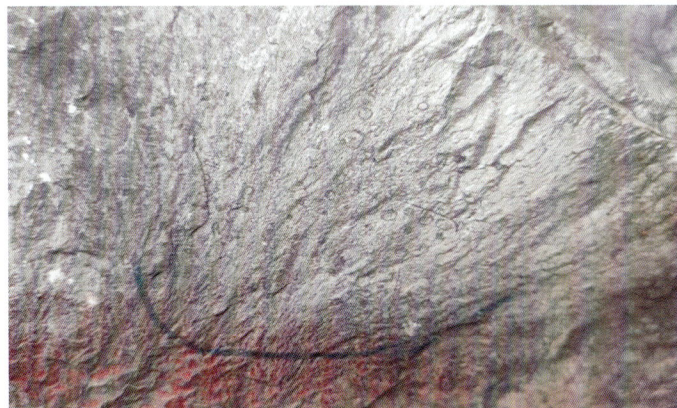

图 6-10　茅口组海百合茎化石

(3)苔藓虫化石。苔藓虫，是固着生活的群体动物，是一种像苔藓植物的动物，外形很像植物，但具有一套完整的消化器官，包括口、食道、胃、肠和肛门等，苔藓虫喜欢在比较清洁、富含藻类、溶解氧充足的浅水体中生活。

(4)䗴化石(图 6-11)，茅口组可以见到两种䗴，费伯克䗴和新希瓦格䗴。费伯克䗴，二叠系茅口组的标准化石，壳大，近球形，壳圈多，包卷紧密，旋壁薄，由致密层、细蜂巢层及内疏松层组成，隔壁平直，具列孔，拟旋脊不连续，多见于内部及外部壳圈，中部壳圈很少，宜昌链子崖景区费伯克蜓，直径在 8 mm 左右的圆球状化石，大量的蜓出现，反映了动荡开放的浅海环境。

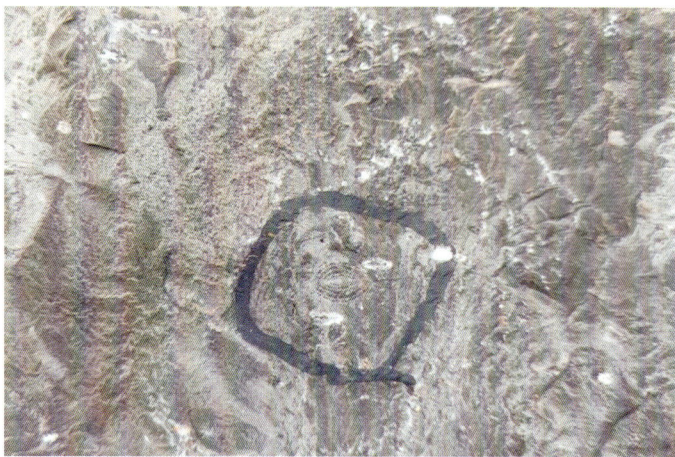

图 6-11　茅口组蜓化石

（5）珊瑚化石，一般群体珊瑚出现在正常浅海、可造礁，而单体珊瑚可以出现在泄湖环境，放射状的条纹是珊瑚的隔壁，该层位复体珊瑚种类多，具有似文采尔珊瑚、米契林珊瑚等。

（6）叶状藻化石，露头中见有类似海带的叶状藻化石，这种藻类主要出现在石炭纪和二叠纪，局部可以形成藻丘，是良好的石油天然气储存地。

【点位7】链子崖背面杨家沱以西

【点义】二叠系吴家坪组与茅口组地层界线点（图6-12）

图 6-12　茅口组与吴家坪组界线

【教学点内容】点东为二叠系茅口组地层，为灰色厚层至块状含泥生物碎屑灰岩，富含多种生物化石，茅口组顶部存在厚约 6 cm 的褐铁矿层，是茅口组抬升，接受风化剥蚀形成的古风化壳，地层产状为 308°∠33°。点西为二叠系吴家坪组地层，底部有约 1.4 m 厚的黄褐色碎屑岩、粉砂质泥岩，其形成时代相当于华南的海陆交互相龙潭组地层，由于 1.4 m 的厚度不适合建组，这里就将其划归为吴家坪组底部地层。往上为深灰色中厚至厚层状含燧石结核或条带状生物碎屑灰岩、泥质团块生物碎屑灰岩，局部可见珊瑚礁化石。两者接触关系为平行不整合，判断依据：①存在古风化壳；②地层产状一致；③接触界面不平整；④沉积环境不同。该处造成平行不整合之运动被称之为东吴运动。

【思考题】

(1)滑坡形成条件、影响因素与诱发因素有哪些？

(2)崩塌形成条件有哪些？

(3)为何地质灾害监测具有重要意义？

6.1.2　路线 10　郭家坝地质灾害防治工程

图 6-13 为线路 10 示意图。

【知识点】滑坡、泥石流地质灾害，滑坡、泥石流防治工程

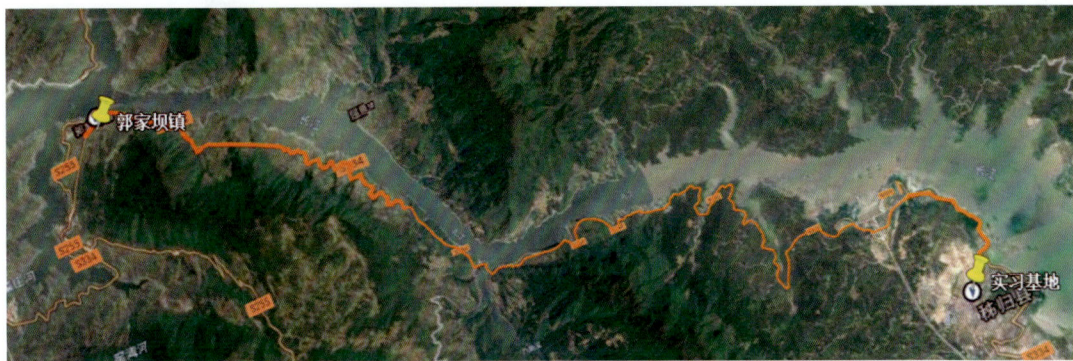

图 6-13　路线 10 示意图

【点位 1】郭家坝泥石流防护工程

【点义】郭家坝泥石流防护工程观察教学点

【教学点内容】了解泥石流基本知识、形成条件以及泥石流的防治措施

1. 泥石流介绍

泥石流是一种严重的地质灾害。通常将夹带了泥、砂、石头且流体密度大于 1.3 t/m³ 的特殊洪流称为泥石流。泥石流具有突然性以及流速快、流量大、物质容量大和破坏力强等特点。泥石流常常会冲毁公路铁路等交通设施甚至村镇等，造成巨大损失。泥石流按照流域形态划分，可分为以下三种。标准型泥石流，流域呈扇形，面积较大，能够明显划分出形成区、流通区和堆积区；河谷型泥石流，流域呈狭长条形，流通区和堆积区不能明显分出；山坡型泥石流，形成区与堆积区直接相连，缺少流通区。郭家坝泥石流属于山坡型泥石流。

2. 郭家坝泥石流的形成条件

(1)物源条件。该处断裂带发育，中下游两侧岩石破碎，风化作用强烈，后缘岩石坚硬，地势陡，崩塌多发。在沟谷内可以聚集起大量的松散物质，地质上满足泥石流发生的条件。

（2）水源条件。秭归地处鄂西山区，雨量大，且多集中于夏季，偶尔会有极端天气出现，暴雨成灾。从水源条件上满足泥石流发生的条件。

（3）地形条件。泥石流沟前后缘高差大，地势陡，上游支沟较多，汇水范围较大，地形上具备泥石流发生的条件。

3. 泥石流防治工程

泥石流是一种危害性极大的地质灾害，其防治工程一般包含以下几种。

（1）拦挡坝。在泥石流沟中建设拦挡坝，拦截泥石流中的固体物质。

（2）谷坊坝（谷坊群）。在泥石流沟中建设多个谷坊坝，用以减缓泥石流的冲击速度。

（3）桩林。在泥石流沟中建设桩林，主要用于拦截泥石流中较大的块石。

（4）导流渠或导流坝。在泥石流流通区或堆积区建设导流渠或导流坝，改变泥石流的流动方向。

（5）水土保持。在泥石流形成区进行水土保持，减少泥石流固体物质。

图 6-14 为郭家坝泥石流防护工程，图 6-15 为郭家坝泥石流防护工程导流渠，图 6-16 为郭家坝泥石流防护工程泥石流拦挡坝，图 6-17 为郭家坝泥石流防护工程堆砂池。

图 6-14　郭家坝泥石流防护工程

图 6-15　郭家坝泥石流防护工程导流渠

图 6-16　郭家坝泥石流防护工程泥石流拦挡坝

图 6-17　郭家坝泥石流防护工程堆砂池

【点位 2】狮子包滑坡

【点义】狮子包滑坡观察教学点(图 6-18)

【教学点内容】了解狮子包滑坡概貌、形成条件、变形破坏特征及防治措施

1. 滑坡区地质环境简介

狮子包滑坡位于郭家坝新镇西侧狮子包的北西侧山梁,地层主要为沙镇溪组(T_3s)灰绿色、深灰色薄—厚层状石英砂岩,含泥质粉砂岩、炭质粉砂质黏土岩、炭质页岩、煤层(或煤线)及人工堆积杂填土。滑坡于 2001 年 12 月 1 日失稳滑动,滑距 30 m,滑坡为微切层岩质滑坡,发育多个滑面,深部滑面深度达 35~50 m。

滑坡区属中等切割丘陵河谷地貌。滑坡区山脊走向 340°,西边是由南向北流入长江的童庄河支流,东边是崔家湾冲沟,北边坡下是长江。区内总体地形南高北低,相对高差 100~200 m,地面坡度多为 30°~40°。

滑坡区位于秭归向斜东翼,地层产状为倾向 NW 单斜岩层,倾向 291°~320°,倾角 25°~51°,一般为 30°~38°。东部巴东组(T_2b)地层中发育有 NNE 向郭家坝断裂。岩体中发育 3 组节理裂隙,主要发育于砂岩中,近地表以陡倾角卸荷裂隙为主。

区内水文地质条件简单:滑坡堆积物为透水层,各类砂岩为相对含水层。地下水排泄条件好,地表径流条件好,含水层含水性差。

2. 滑坡特征

滑坡后缘以切割山脊的弧形圈椅状滑壁为界，滑壁倾角在60°左右，壁高约4 m，后部见多条弧形拉裂缝，下错高度0.1~1 m不等；前缘滑体自复建公路南侧临空剪出后冲入公路，受公路北侧残余山体阻挡而止；东侧以拉裂形成的浅沟为界；西侧壁以NNW向的构造裂隙为界，断面光滑平直，形成下坐陡坎，坎高2~6 m。滑坡顺NNW向狮子包山梁展布，后缘高程为312 m，前缘剪出口高程为185 m，主滑方向355°。滑坡平面形态呈长条形，纵长260 m，横宽20~80 m，后窄前宽。滑坡面积为1万m²，滑体厚20.8~26.6 m，体积为21.7万m³。

滑坡地形起伏不大，较滑前原地形略微变缓，地面平均坡度角为26°。中部（水池附近）地形稍缓，在23°左右；后部和前部稍陡，约30°。据滑体上原地物水池、公路等推算，滑距达30 m，前舌滑距约10 m。

3. 滑坡成因及变形特征

2001年12月1日，村民修建复建公路，开挖山体形成临空面，导致坡体前缘因重力下滑，并牵引坡体中、后部滑塌。变形特征表现为以下几个方面。

（1）由于滑坡体向下滑动，在滑坡体后缘形成了宽20~30 m、深3~5 m的凹地和圈椅状裂缝陡壁；后缘基岩中形成多条弧形拉张裂缝，裂缝宽5~10 cm，深及滑带下部的硬质砂岩中；中部滑坡鼓丘位置发育数条顺岩层节理面张裂的不规则的鼓胀裂隙，裂隙宽度一般为20~50 cm，长度为3~10 cm不等，西侧界顺北西向较深的节理裂开。

（2）滑坡体在185 m高程处剪出，形成了较大范围的巨型块石堆积体，并将村民复建公路掩埋。

（3）由于上部滑坡体的强烈变形，牵引了较深部泥岩软弱层的轻微滑动，层面上发育大量的滑动镜面。

（4）由于滑坡变形破坏，地表附属建筑物及通信电缆受到破坏，直接威胁滑坡体下方部分民房安全。滑坡体上原建有一直径9 m、高5 m、容积320 m³的储水池，整体下滑约30 m。

（5）坡面绿化防护、挡土墙支护、四周截排坡面地表水。

图6-18 狮子包滑坡

【点位 3】中心花园滑坡

【点义】中心花园滑坡教学点(图 6-19)

【教学点内容】

1. 滑坡简介

中心花园滑坡位于郭家坝镇中国海事局前面,处于秭归县郭家坝新镇中心地带。滑坡前缘高程为 100 m,后缘高程为 190 m,滑坡面积为 6.7 万 m²,体积为 97 万 m³,2008 年滑坡前缘产生局部变形,毁坏前缘挡墙长约 70 m,公路一带产生局部变形。

2. 治理及监测措施

(1)削方减载:在滑体上部削坡形成减载平台,后缘及两侧开挖成缓横坡,在中心花园治理中设计了三级台阶。

(2)设计下缓上陡的浆砌块石:混凝土标号大于或等于 C30,块石尺寸大于或等于 30 cm,坡度为 25°~30°(当坡度大于 30°时,采用格构梁+锚杆设计)。

(3)在滑坡下部设计抗滑桩。

(4)滑坡体上设计排水沟、截水沟、坡面排水管。

(5)布置了变形、孔隙水压力及地下水位监测点。

图 6-19　中心花园滑坡治理效果图

【思考题】

(1)滑坡常用治理措施有哪些?

(2)为何水库边岸滑坡较多?

6.1.3　路线 11　巴东县黄土坡滑坡路线

图 6-20 为线路 11 示意图。

【知识点】巨型滑坡、城市选址、滑坡监测

本次实习的路线为黄土坡滑坡,主要内容及任务如下:

（1）了解黄土坡滑坡概貌以及滑坡区地质环境。

（2）了解黄土坡野外大型综合试验场情况。

（3）了解黄土坡临江 1 号滑坡规模及滑坡物质组成。

（4）了解滑坡变形条件以及黄土坡滑坡的防治措施。

图 6-20　线路 11 位置示意图

【点位 1】黄土坡滑坡

【点义】黄土坡滑坡观察教学点（图 6-21）

【教学点内容】了解黄土坡滑坡概貌、滑坡区地质环境概况。

巴东县城是三峡工程水库移民城镇，由于三峡蓄水从老县城搬迁至地势较高的黄土坡处，随后发现黄土坡是一个厚度和方量均很大的古滑坡之后再次进行搬迁。黄土坡滑坡地处长江三峡中段巫峡与西陵峡之间的长江南岸巴东县最东部，滑坡总面积达 1.3 km²，占巴东县最东部社区面积的 81.25%。该滑坡规模巨大、成因复杂、危害严重，位居三峡库区四大滑坡之首。

1. 滑坡区总体结构形态介绍

黄土坡滑坡空间上由四个次级滑坡组成，分别为临江 1 号滑坡、临江 2 号滑坡、变电站滑坡和园艺场滑坡，其体积方量达 6934 万 m³，规模等级属于巨型滑坡。现按照滑坡前缘高程不同对其分别进行介绍。临江 1 号滑坡和临江 2 号滑坡的前缘位于 175 m 水位以下，以三道沟梁分界，两者滑坡方量分别为 2255.5 万 m³ 和 1992 万 m³，是黄土坡滑坡的形成主体，两者约占滑坡总方量的 61%；变电站滑坡位于临江 1 号和临江 2 号滑坡后部，其前缘高程集中在 160～210 m，后缘高程约 600 m 左右，滑坡方量约 1333.5 万 m³；园艺场滑坡前缘北东侧覆盖于变电站前部而北西侧位于临江 1 号滑坡上，前缘高程集中在 220～240 m，后缘高程约 520 m，滑坡方量约 1352.9 万 m³。

黄土坡滑坡区总体为近东西向展布、南高北低的顺向斜坡。滑坡走向与岩层走向基本一致但局部有所变化。坡面形态整体呈陡缓相间的折线形，坡面上部与临江陡峭而中部平缓，上中下坡角分别为 25°～35°、15°～20° 和 30°～35°。区内沿纵向张裂隙发育冲沟，从东向西发育了二道沟、三道沟和四道沟三条规模较大冲沟。

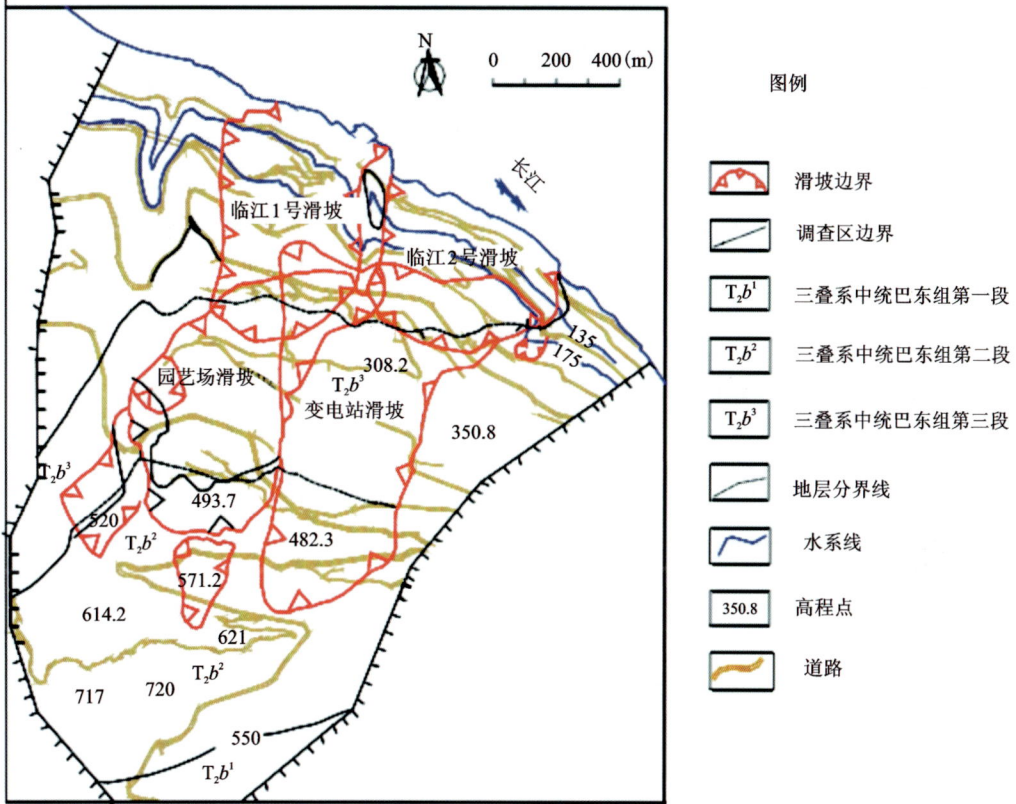

图 6-21　黄土坡滑坡工程地质平面图(引自鲁莎, 2017)

2. 黄土坡滑坡地质环境概况

(1)滑坡区地层岩性特征。巴东库岸斜坡体系出露地层主要为下三叠统嘉陵江组(T_1j^3)第三段、中三叠统巴东组(T_2b)和第四系(Q),地层分布完整性从白土坡向两侧依次降低。巴东段斜坡的后山基座主要为下三叠统嘉陵江组第三段的中厚层白云质灰岩、灰岩夹角砾状灰岩;斜坡主体主要由中三叠统巴东组组成,该层可细分为自上而下三叠系中统巴东组四个岩性段,其中巴东组第二段紫红色泥岩、粉砂质泥岩易风化、软化和泥化,工程性质较差,是三峡地区典型易滑地层。斜坡浅层主要为第四系,按形成原因可划分为残坡积、洪积、崩堆积及人工堆积等。

(2)滑坡区地质构造特征。黄土坡滑坡地区褶皱断裂等地质构造发育。在大地构造上巴东县属上扬子台褶带八面山弧形褶皱带的东北段,属于扬子准地台次级构造单元,它的北部、西部和东部依次为大巴山台褶带、四川坳陷和江汉坳陷。八面弧形褶皱带由系列褶皱组成,其构造线在南部为 NNE 走向,向北延伸逐渐转为 EW 走向,其中官渡口向斜是其北端的一个次级线性褶皱。

官渡口向斜轴总体走向近 EW,因河流弯曲该向斜核部跨越长江两岸。官渡口向斜主题褶皱为两翼对称,轴面近垂直的复式向斜。平面上看,为延伸不远的次级线装系列平行褶皱群;剖面看这些次级褶皱的核部一般较平缓开阔,向斜宽缓而背斜稍紧闭,并且沿着官渡口向斜翼部呈斜列式展布,也就是次级褶皱枢纽的高程随着核部向翼部逐渐升高。

黄土坡及邻近地区的断裂构造可分为北东向、北西向、近东西向和近南北向断裂组。

（3）滑坡区水文地质特征。根据水介质特征、水动力以及补径排特征，黄土坡滑坡及其邻近地区地下水可以划分为：碳酸盐岩岩溶水、碳酸盐岩夹碎屑岩裂隙岩溶水、碎屑岩裂隙水和松散堆积层孔隙水。碳酸盐岩岩溶水赋存于三叠系嘉陵江组碳酸盐岩类中，主要集中在测区南部及其周边地区；碳酸盐岩夹碎屑岩裂隙岩溶水赋存于三叠系巴东组 T_2b^1、T_2b^3 的泥质灰岩、泥灰岩、灰岩夹泥岩、泥质粉砂岩中。地下水主要在裂隙和溶蚀裂隙中流动，其富水性弱，动态变化大；碎屑岩裂隙水赋存于三叠系巴东组 T_2b^2 泥岩、粉细砂岩，含裂隙潜水，其富水性弱，动态变化大；松散堆积层孔隙水赋存于各类松散堆积体中，不同土体的含水透水性差异较大。

【点位 2】黄土坡滑坡野外大型综合试验场

【点义】黄土坡滑坡野外综合试验场及临江 1 号滑坡介绍（图 6-22）

【教学点内容】了解滑坡物质组成、滑坡形成机制以及黄土坡滑坡的防治措施。

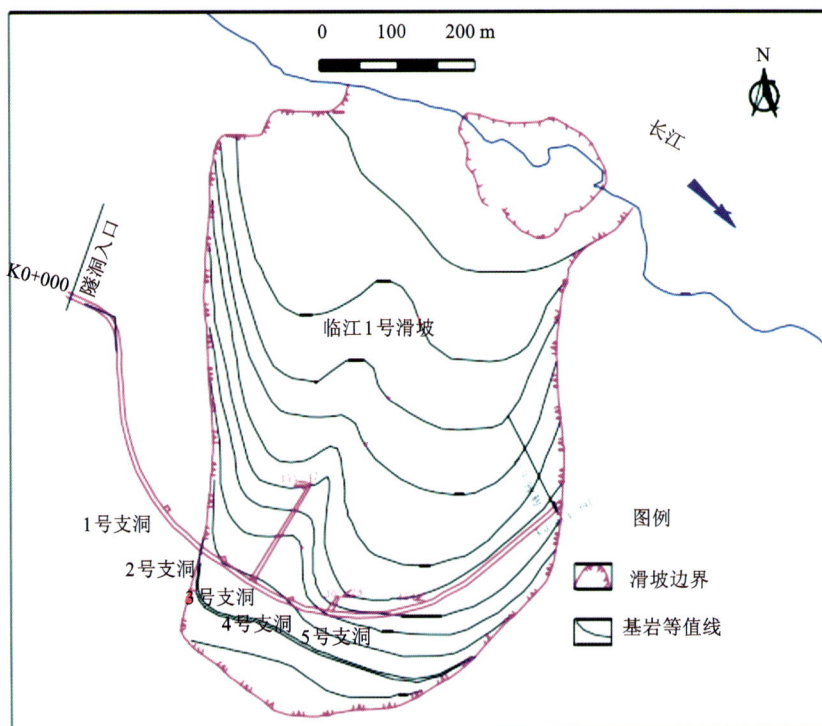

图 6-22　临江 1 号滑坡体试验隧洞分布图（引自鲁莎，2017）

巴东野外大型综合试验场是教育部"长江三峡库区地质灾害研究优势学科创新平台"建设的关键工程；是中国地质大学集滑坡灾害教学、科研、生产于一体的综合性野外教学研究基地。通过巴东野外大型综合试验场隧道系统，专家学者能够直接进入黄土坡滑坡临江 1 号崩滑体近距离地观测滑床、滑带和滑体，并开展相关实验研究与深部监测工作，如滑带土大型剪切试验、流变试验，滑带土的改良试验，滑体水文地质试验以及滑坡深部位移监测等。

黄土坡野外综合试验场是迄今为止对黄土坡滑坡开展的最深入最全面的勘察工作，能更彻底和更直接地揭露滑坡地质模型结构,后期配套建立的实时监测系统,能准确把握降雨、库水位和地下水之间的变化规律和彼此联系,该试验场的建立和发展能大大推动黄土坡滑坡的研究进程。

1. 临江 1 号滑坡隧道揭露

图 6-23 为临江 1 号滑坡工程地质剖面图。

黄土坡野外综合试验场采用隧洞群形式对临江 1 号滑坡进行揭露研究。试验隧洞群由主洞、五个支洞和两处试验平硐(位于 3 号支洞和 5 号支洞中)构成,主洞全长 908 m,呈弧形分布于临江 1 号滑坡中后缘,大部分位于滑床中,其中 70 m 追踪主滑带。支洞和试验洞累计长 215 m:1 号、4 号支洞开挖及支护各 5 m,预留试验所需;2 号支洞开挖及支护 10 m,用于地震波测试;3 号支洞开挖及支护 145 m、5 号支洞开挖支护 30 m;3 号、5 号支洞末端各开挖支护长 10 m 的试验平硐,主洞每隔一定距离设 1 个试验窗口,在两侧洞壁相间分布,窗口宽 1 m,高 1.5 m。1 号到 5 号支洞分别位于主洞的 K0+320 m、K0+420 m、K0+460 m、K0+520 m 以及 K0+570 m 处。

临江 1 号滑坡堆积体东侧以三道沟基岩梁为界,西侧边界为巴东新港码头东侧-加油站-县医院,前缘剪出口直抵长江,后缘以县医院至金龄中学一线为界。滑坡顺轴向最大长度 770 m,宽度为 450~500 m,平面面积约 32.50 万 m²。堆积体具有前缘薄中后部厚的分布特点,平均厚度约为 69.4 m,滑坡方量约 2255.5 万 m³。

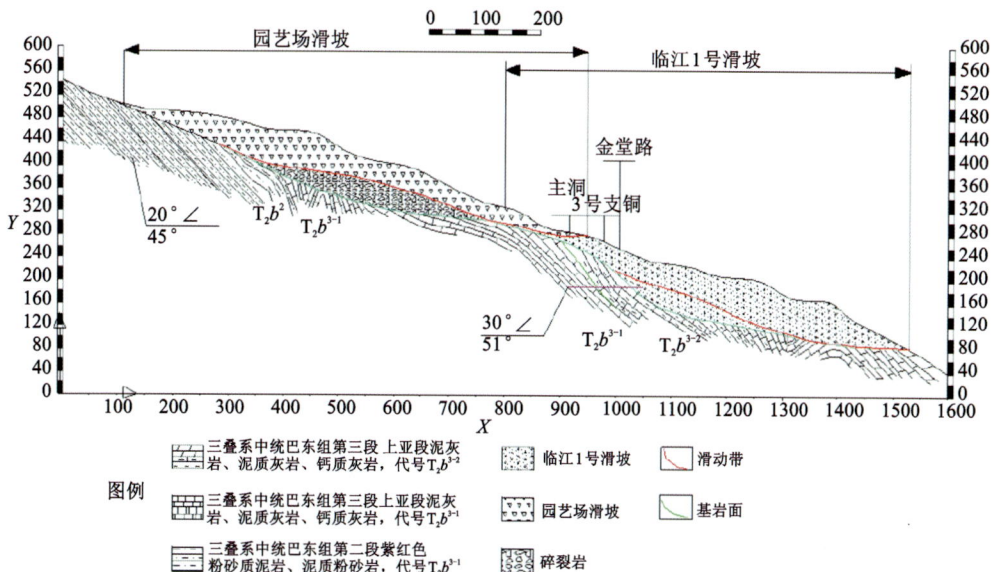

图 6-23　临江 1 号滑坡工程地质剖面图(引自鲁莎,2017)

2. 临江 1 号滑坡物质组成

(1)滑体物质组成。

依据主隧洞 K0+893 m 至 K0+910 m 段开挖揭露情况,临江 1 号滑坡滑体中碎石土呈棕红色,中密。碎石为浅灰色强风化泥质灰岩,多呈棱角状至次棱角状,表面见溶蚀现象和土状风化物,粒径多为 5~20 cm。滑体物质之中土石比为 2∶8~3∶7。

（2）滑带物质组成。

临江 1 号滑坡滑带为粉质黏土夹碎石、碎屑，土石比为 6：4~8：2。其中，粉质黏土稍密-密实，呈可塑-硬塑状；碎石、碎屑原岩成分为泥质灰岩，接近基岩面的碎石多具弱至中风化特征，少数强风化。滑带土颜色上呈现不均匀性，在于下伏基岩接触部分滑带呈浅灰色而与上覆碎石土接触部分呈黄褐色。造成这种差异的原因主要是滑带土接触物质部分的不同，上覆褐红色碎石土易形成黄褐色滑带土，而下伏灰黄色泥灰岩易形成浅灰色滑带。

（3）滑床物质组成。

根据试验隧洞主隧道揭露，滑床基岩主要为三叠系中统巴东组第三段（T_2b^3）青褐色泥质灰岩、褐黄色泥灰岩，中厚层状，层厚约 20~40 cm，岩体完整性较好，岩层产状倾向为 335°~358°，倾角为 34°~47°。

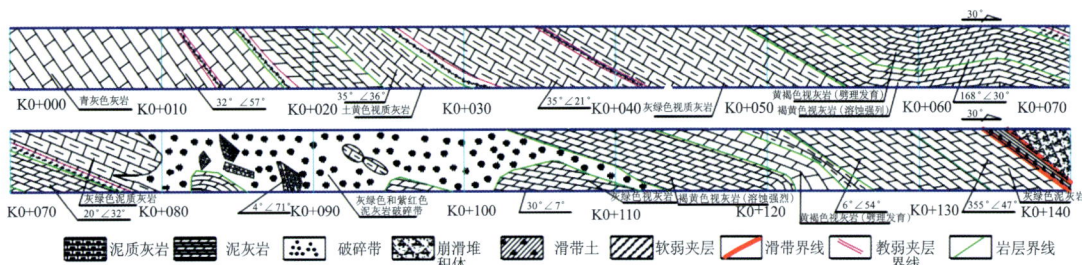

图 6-24　巴东野外试验隧洞主洞 K0—K0+140 m 段揭露岩层（引自鲁莎，2017）

3. 滑坡的形成条件

黄土坡滑坡形成的条件有以下几个。

（1）物质条件。黄土坡滑坡所在区域地层为软弱地层。

（2）边界条件。滑坡所在区域构造裂隙发育。

（3）环境条件。滑坡地区降雨丰富，降雨入渗降低岩土体强度。

（4）人类活动影响。三峡水库导致滑坡区地下水位变动，引起滑坡岩土体强度变化。

4. 黄土坡滑坡防治措施

黄土坡滑坡是一个方量较大的滑坡体，其防治措施较为困难，常规的滑坡治理方法如锚杆锚索、挡土墙、抗滑桩等措施很难阻挡滑坡体缓慢的蠕动。因此其防治措施主要如下。

（1）搬迁避让。目前滑坡及其影响范围内的居民已经搬迁。

（2）建立长期监测网络，包括地表监测、地下监测进行预警（图 6-25）。目前采用的监测手段主要有 GPS 地表位移监测、钻孔深部位移监测、地下水位监测、地下隧洞监测。

自 2003 年三峡水库开始试验性蓄水后，中国地质调查局水文地质工程地质技术方法研究所、湖北省地质灾害防治工程勘查设计院、湖北省地质环境总站和教育部长江三峡库区地质灾害研究中心等多家单位先后承担了黄土坡滑坡的现场监测任务。

通过对滑坡环境因素、地表变形、深部变形、地下水动态，以及宏观地质现象进行全方位、多手段持续监测，实时掌握滑坡体的变形破坏情况，评价治理工程效果，为滑坡危险性评价与灾害预警提供可靠的监测数据与决策依据。

（3）拟建地质公园。

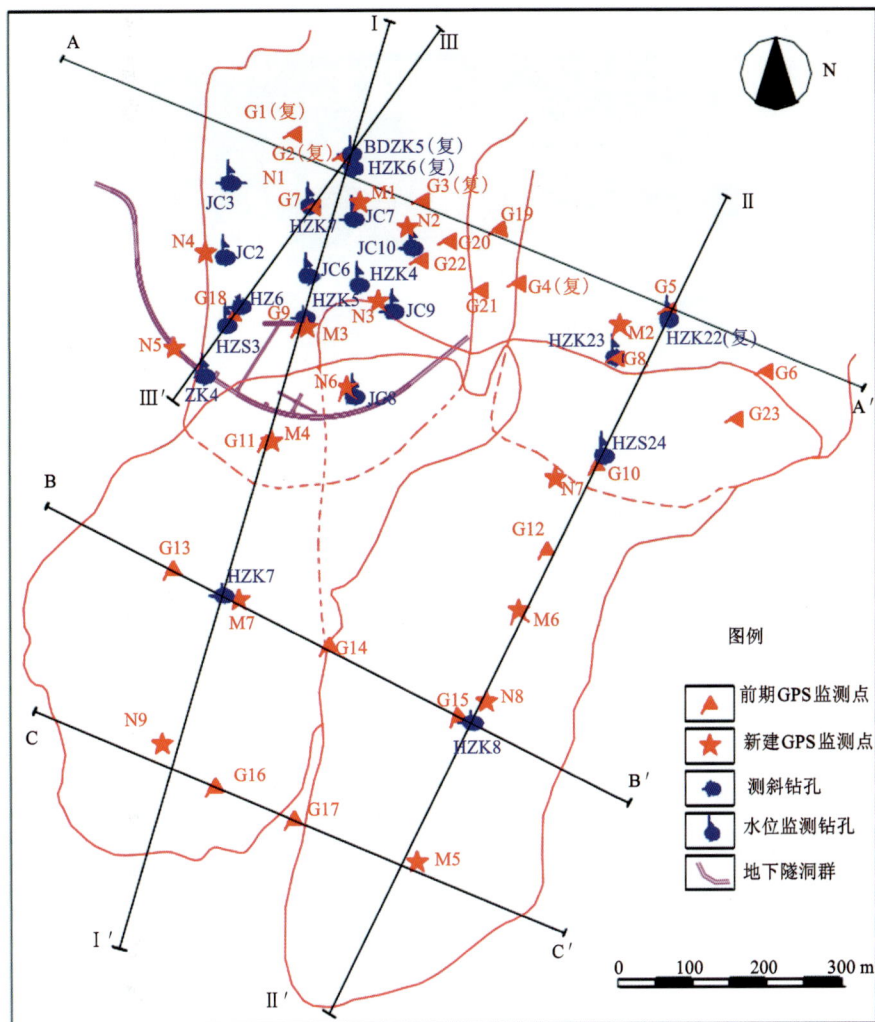

图 6-25　黄土坡滑坡监测网(引自鲁莎, 2017)

【思考题】

(1)山区城市选址需要考虑哪些水工环地质问题?

(2)滑坡地质灾害搬迁避让及工程治理需要考虑哪些因素?

6.2　环境地质与工程地质问题

6.2.1　路线 12　垃圾填埋场、库岸边坡、港口码头及岩土试验场

图 6-26 为线路 12 示意图。

【知识点】固废填埋场、渗滤液、防渗、库岸边坡防护措施、港口码头工程、岩土试验场

本条路线实习目的为了解当地已建有的与工程地质相关的工程项目,主要以参观、讲解为主。计划路线为:垃圾填埋场、库岸与边坡防护工程、港口码头工程、秭归基地岩土试验场。

图 6-26　路线 12 示意图

【点位 1】金缸城村垃圾填埋场

【点义】了解垃圾填埋场相关知识

【教学点内容】该垃圾填埋场位于金缸城村家湾一自然冲沟内，距县城约 6 km，当地称为"新垃圾填埋场"，处于黄陵地块结晶基底，地层为前震旦系结晶花岗岩，呈基岩产出。场区无断裂通过和褶皱发育，为稳定性较高的地台型大地构造环境。场区总体呈东、西、南三面高，北面低的漏斗状，地表径流由场区南侧 3 条小水沟在中部汇合后自南向西流出场区。因村民反对，目前尚未投入使用。教学内容主要为老师引导学生观察场区的地形地貌，介绍填埋场的构成及作用原理，随后介绍垃圾填埋场所需的地质条件、可能存在的地质问题及国内外垃圾处理的方法。将垃圾于垃圾场内掩埋后，通过过滤井将废液由填埋场底部运输至别处集中处理。

1. 垃圾场工程地质问题

(1)场地稳定性问题。垃圾填埋场地自然冲沟地形，自然坡度较缓，坡内基岩覆盖层厚度不大，基岩埋深浅，且场区地表水径流条件好，根据现场勘查成果及区域地质资料，场区地质构造简单，地形平坦、地貌单一，无岩溶、土洞发育，不具备发生泥石流、滑坡、崩塌等地质灾害的地质条件，没有发生大规模地质灾害的可能。因此，该场地整体稳定性较好，适宜垃圾填埋场的建设。

(2)水文地质及防渗问题。拟建场区位于自然冲沟内，场内东、西、南三面地势较高的自然垄岗山脊，即为地表分水岭，场内地表径流条件好，地表水主要沿坡面流入冲沟内，由南至北流出本场区，从地形条件分析可知，拟建场区为一相对独立的汇水单元，具有独立的补给、径流、排泄系统。据《城市生活垃圾卫生填埋技术规范》自然防渗填埋场须具备填埋场与外界的水环境隔离，其底部和周边有足够数量的黏性土壤的压实土壤层，且各个部位的土层保持均匀，厚度至少 2 m。关于防渗问题，渗透系数 $K<10^{-7}$ cm/s，地下水埋深小于 3 m。从场区的岩土层岩性、结构和渗透系数、地下水埋深情况看，不具备天然防渗的工程地质条件，必须采用人工防渗措施。工程采用高密度聚乙烯膜，做水平防渗处理，水平防渗后的垃圾库，形成五面封闭的隔离单元体，可防止填埋库区渗滤液外渗对地下水造成污染。

（3）边坡稳定性问题。在垃圾填埋场建设时，在库区和垃圾坝等部位有大量土方的开挖工作，形成高陡边坡，边坡稳定性问题也是垃圾填埋场的主要工程地质问题之一。根据场区岩土条件综合分析可知，主要开挖介质为花岗岩全、强风化带，根据该区建筑施工经验，对开挖介质采取放坡处理措施。

2. 垃圾填埋场选址原则

垃圾场的选址是一个综合性的工作，主要遵守以下两个原则，一是从防治污染角度考虑的安全原则；二是从经济角度考虑的经济合理原则。安全原则是填埋场选址的基本原则，垃圾填埋场建设中和使用后，应保证对整个外部环境的影响最小，不使场地周围的水、大气、土壤环境发生恶化。经济原则是指垃圾填埋场从建设到使用过程中单位垃圾的处理费用最低，垃圾填埋场使用后资源化价值最高，即要求以合理的技术、经济方案，以较少的投资达到最理想经济效果，实现环保的目的。影响选址的因素有很多，应从工程学、环境学、经济学以及社会和法律等方面来考虑，这几个因素是相互影响、相互联系、相互制约的。

（1）从经济学角度考虑。第一，场址要满足一定的库容量要求，任何一个垃圾填埋场，其建设均必须满足一定的服务年限，一般填埋场合理使用年限不少于 10 年，特殊情况下不少于 8 年；第二，场址应交通方便，运输距离合理，具有能在各种气候条件下运输的全天候公路，宽度合适、承载适宜，尽量避免交通堵塞。根据有关资料，垃圾填埋场处理费用中，60%~90% 为垃圾清运费，缩短清运距离对降低垃圾填埋场处理费起到关键作用；第三，场址周围应有相当数量的土石料，所选场地附近，用于天然防渗层和覆盖层的黏土及用于排水层的砂石等，应有充足的可采量和质量，来保证能达到施工的要求。黏土的 pH 和离子交换能力越大越好，同时要求土壤易于压实，使土具有充分的防渗能力。

（2）从工程学方面考虑。地形、地貌及土壤条件：场地地形坡度应有利于填埋场施工和其他建筑设施的布置；地质条件：场址应选在工程地质性质有利的最密实的松散或坚硬的岩层之上；气象条件：场址宜位于具有较好的大气混合扩散作用的下风区，白天人口不密集的地区。

（3）从环境学方面考虑。对地表水的保护对附近居民的影响要降到最低，生活垃圾填埋场场址的位置与周围人群的距离，应根据环境影响评价结论，并经地方环境保护行政主管部门批准，应考虑生活垃圾填埋场产生的渗滤液、大气污染物、滋养动物等因素，根据其所在地区的环境功能区类别，综合评价其对周围环境、居住人群的身体健康、日常生活和生产活动的影响。确定垃圾填埋场与常住居民居住场所、地表水域、高速公路、交通主干道、铁路、机场、军事基地等敏感对象之间合理的位置关系以及合理的防护距离。在垃圾填埋场中的 HDPE 土工膜，是防渗的灵魂材料，土工膜的质量好坏对保护地表水、地下水起着关键性的作用（图 6-27）。

（4）从政策法规方面考虑。垃圾填埋场的选址应服从当地城市总体规划，符合当地城市区域环境总体规划要求，符合当地城市环境卫生事业发展规划要求。

图 6-27 金缸城村垃圾填埋场四周黑色薄膜为土工材料

【点位 2】建东大道

【点义】观察高边坡防护工程（图 6-28）

【教学点内容】该点位位于建东大道上，可于路旁遥看到三峡副坝。该边坡地层主要为强风化花岗岩，支护方式为抗滑桩+桩间布置挡土板，同时为了美观，抗滑桩表面用砂浆制成天然岩石状。施工时先施工抗滑桩，随后从下往上施工挡土板，最后于桩后进行回填。设计时认为桩后土出现土拱的形式，布置挡板可有效减少土拱效应和桩间间距，强度无需太高，板上设有泄水孔。桩后回填土按特定级配构成，可有效防渗。

该点主要从边坡的设计到施工的整过程进行讲述，就其中的关键点如桩间距的确定、施工顺序等进行提问和解答。

图 6-28 抗滑桩+桩间挡土板支护（为整体美观，桩身表面覆盖水泥砂浆）

【**点位 3**】龙舟观礼台

【**点义**】观察三峡护岸工程(图 6-29)

【**教学点内容**】三峡护岸工程观测内容主要针对秭归县城东北部三峡大坝旁凤凰山一带,自凤凰山起至果品批发市场,全长约 5km。该区属结晶岩分布的低山丘陵区,原始地形地貌,高程为 100~350 m。工程区地处黄陵背斜核部前震旦系结晶岩分布区,滨湖路沿线及沟谷处多分布第四系松散堆积物。区内基岩为闪云斜长花岗岩,分布广泛,灰色、灰白色,中粗粒结构,块状结构。库岸主要由人工回填风化砂松散堆积体组成,局部人工堆积库岸受地表雨水的冲刷出现坍塌现象;同时受库水位长期浸泡、风浪和船行波的冲击水流侵蚀以及干湿交替的影响,库岸岩土体风化后抗剪强度降低;水位的涨落也会引起地下水动水压力的变化。这些不利因素将会造成库岸侵蚀、坍塌和整体滑移变形。

沿岸边坡主要采用减载放坡的形式,坡度为 1∶2.65 到 1∶2.75,175 m 高程下采用干砌石护坡,175 m 以上采用预制植土块植草护坡。同时采用 1~3 层级配较为均匀的沙子和砾石铺设反滤层防止管涌破坏。另于工程周边采用浆砌石排水沟和排水管涵施工措施以防止地表水冲刷和渗入土体。

护岸旁道路远离江边一侧,对于较高的边坡主要采用上部为加筋挡土墙、中部为砌石挡土墙、下部为锚固抗滑桩的加固形式,其他强度较好的边坡则一般采用挂网锚喷的形式。由于边坡上植被发育,中上部的支挡结构基本被遮盖住,较难观察到全貌。

教学内容主要为以沿江结构特征为例,观察并了解沿岸防治工程措施。并就工程设计、施工、监测等问题提问和解答。最后观察并作图。

图 6-29　龙舟观景台临江一侧

沿岸主要采用减载放坡+干砌石、浆砌石护坡。此地视野开阔,可清晰观察周边沿岸护岸工程。

护坡工程上部为加筋挡土墙、中部为砌石挡土墙、下部为锚固抗滑桩。秭归下雨频繁,护岸工程多被植被覆盖。

图 6-30　龙舟观景台另一侧公路旁护坡工程

【点位 4】秭归客运港

【点义】了解码头工程

【教学点内容】秭归港位于三峡大坝 1 km，由趸船、水陆联运客运站和连接通道组成，属斜坡式码头。该点建设码头的有利条件为地基稳定、岸线长和临岸面积大、三峡大坝建成后水速平缓有利于航道稳定等。引出一般码头工程的相关地质问题为斜坡稳定性和客运站地基稳定性问题、航道淤积问题等。秭归港地基较稳定，临岸斜坡主要利用挂网加筋挡土墙的形式加固，并逐级回填出部分平地。

该点主要以教师讲述为主，让同学们了解客运码头的组成、功能和主要涉及的地质问题。

1.港口的作用及构成

港口是具有水陆联运设备和条件，供船舶安全进出和停泊的运输枢纽，是水陆交通的集结点和枢纽，工农业产品和外贸进出口物资的集散地，船舶停泊、装卸货物、上下旅客、补充给养的场所，是水运的重要建筑工程。

按照所在位置港口可以分为海岸港、河口港和内河港，其中海岸港和河口港统称为海港。三峡水库库周就建设有一系列重要的港口，如位于秭归县城的秭归港、秭归港对岸的太平溪港等，由于它们都建设于三峡水库内，都属于长江的内河港口。一个港口一定要包括码头，此外还包括堆场、仓库、中转站等设施。码头是指海边、江河边专供乘客上下、货物装卸的建筑物，是港口的必备部分。根据港口性质的不同，码头类型也不同，有为旅客上下船用的客运码头，有为专门运输用的油码头、煤码头，还有军用码头等。修建港口，需要解决的工程地质问题很广泛，也十分复杂，必须根据港口工程的规模、性质、等级及其河域工程地质条件进行系统工程地质工作。

2.港口工程地质问题

（1）区域稳定性问题。港口修建在水域附近，通常第四纪物质较多，抗震能力较差，首先要考虑区域稳定性对港口的影响。在强震区，应根据场地工程地质条件，对港口抗震设防提出建议，评价砂土液化等震害发生的可能，按有利抗震的原则，选择良好的港口场地，提出防震措施。

（2）港口地基沉降问题。港口工程的地基往往多为土体，甚至是淤泥及淤泥质沉积物，具有灵敏性高、强度低等特性，工程性质差，加上水动力作用，使港口工程地基更加不稳定，沉降或差异沉降超过工程允许值。

（3）港口边坡稳定性问题。港口工程会涉及很多边坡，且多为土质边坡，甚至是填方边坡，坡度大、高差大，并且边坡往往涉水，地表水和地下水位常常周期性变动，对边坡的稳定性要求非常高。在填方设计、挡土墙修建与边坡防护工程设计中，都要仔细分析边坡的稳定性问题。

（4）港口沿岸冲刷和淤积问题。港口沿岸会持续性发生冲刷和淤积，造成码头的侵蚀及物质重新分配，对港口的兴建与使用有着重要影响，应查明泥沙来源、输沙量大小和淤积的条件，分析建港对沿岸地形地貌和水动力条件的改变，预测岸坡侵蚀和淤积的范围强度，从而对是否适宜建港做出合理判断，对如何减轻冲刷和淤积提出建议措施。

3. 秭归客运港工程地质问题分析

秭归港地区的基本地震烈度为Ⅵ度，作为重要建筑可以提高一度，按照Ⅶ度抗震烈度进行设计即可，因此区域稳定性方面的问题并不严重。秭归港修建于一个突出的山嘴，地基以花岗闪长岩为主，因此地基变形不严重，但港口北、东、西三面填方较多，填方高度也较大，因此填方边坡稳定性是一个严重的问题。前期在填方过程中，采用加筋土技术进行了加固，后期又在外侧修建了挡土墙，进一步加强边坡的稳定性(图 6-31)。另外，由于该处水深较大，且位于库首位置，上游来水泥沙已经充分沉淀，所以港口的淤积并不严重，而库岸冲刷比较强烈，采用了块石护坡与挡墙护坡的方式进行防护。现在还可以看到防护工程，仍在进行施工，也是对早期一些防护工作的改进。

图 6-31　秭归港沿岸挂网加筋挡土墙支护方式

秭归港沿岸边坡近乎垂直，植被覆盖明显，可沿岸边小路下至江边观察。

【点位 5】秭归基地岩土试验场

【点义】了解基地内教学实验条件(图 6-32)

【教学点内容】该试验场位于基地大门外斜坡下空地处，内容主要围绕岩土工程中遇到的工程地质问题展开，展示了各类常见工程的实体，包括抗滑桩+锚索结构、钻机、桩身检测模型、地下水渗流观察场、各类型边坡支护形式、各类型挡土墙形式等，讲解各类结构的特点和适用范围，对各类岩土工程形式有个直观的概念。

主要以参观为主，某些项目如操作钻机、观察地下水渗流需与有关人员联系。

图 6-32　秭归岩土实验场全景

【思考题】

(1)垃圾填埋场选址需要考虑哪些因素？

(2)库岸边坡防护措施有哪些类型？

(3)修建码头港口需要考虑的工程地质问题有哪些？

6.2.2　路线 13　三峡工程路线

图 6-33 为线路 13 示意图。

【知识点】水库大坝类型、水库大坝作用与功能、大坝选址、消落带、水库淤积

本条路线主要为了解三峡工程的基本情况，主要采用教师讲解为主。路线的主要任务及要求如下。

(1)了解三峡工程的概况与作用。

(2)了解三峡工程的主要建筑物形式及功能。

(3)了解三峡工程的库区及坝区的主要工程地质问题，并进行分析。

(4)了解三峡工程坝址选择论证过程，以及其中考虑的因素。

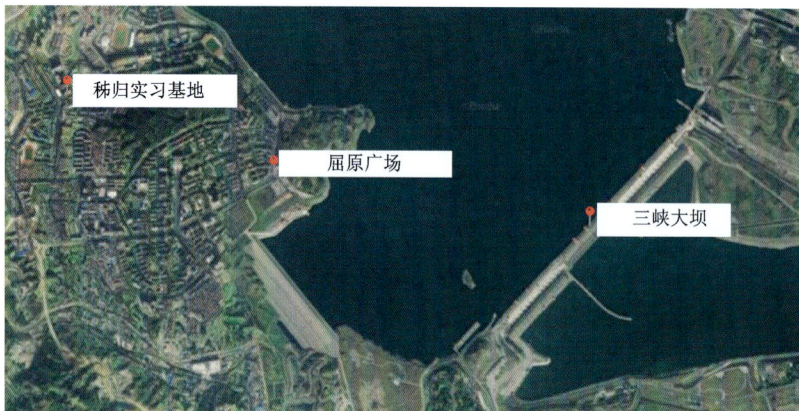

图 6-33　路线 13 示意图

【点位 1】屈原广场

【点义】观察三峡大坝(图 6-34)

【教学点内容】本点位位于屈原广场最里,可观察到整个工程包括混凝土重力式坝、坝后式发电站、五级船闸和副坝(图 6-35)等。大坝包括中间的一个溢流坝段和两侧的电站坝段,坝后式发电站位于两侧电站坝段后,另在右岸预留有地下发电厂房位置。坝基基岩为新鲜黄陵岩体,岩性为黑云母石英闪长岩,抗压强度高,透水性差。副坝位于主坝上游、茅坪溪入口,为沥青混凝土心墙土石重力式坝,高 104 m,两岸山坡基岩为黄陵闪长岩体,风化较为强烈。

介绍三峡大坝的各部分组成、历史及经济效益。同时引出库区主要工程地质问题:库区渗流、库岸稳定、水库浸没(地基下沉)、水库淤积和水库地震等。

图 6-34　三峡大坝主坝远景(此时水库处于蓄水阶段)

图 6-35　三峡大坝沥青混凝土副坝(心墙主要采用黏土材料)

1.三峡工程介绍

秭归县境内的主要水利工程为三峡工程。三峡工程全称为长江三峡水利枢纽工程,是中国也是世界上最大的水利枢纽工程,是治理和开发长江的关键性骨干工程。

三峡工程大坝坝址选定在宜昌市三斗坪，在已建成的葛洲坝水利枢纽上游约 40 km 处。长江水运可直达坝区。工程开工后，修建了宜昌至工地长约 28 km 的准一级专用公路及坝下游 4 km 处的跨江大桥——西陵长江大桥。还修建了一批坝区码头。坝区已具备良好的交通条件。

坝址区河谷开阔，两岸岸坡较平缓，江中有一小岛(中堡岛)，具备良好的分期施工导流条件。枢纽建筑物基础为坚硬完整的花岗岩体，岩石抗压强度约 100 MPa；岩体内断层裂隙不发育，大多胶结良好、透水性微弱。这些因素构成了修建混凝土高坝的优良地质条件。

三峡工程水库正常蓄水位为 175 m，总库容量为 393 亿 m^2；水库全长 600 余千米，平均宽度为 1.1 km；水库面积为 1084 km^2。具有防洪、发电、航运等巨大的综合效益。

整个工程包括一座混凝重力式大坝、泄水闸、一座堤后式水电站、一座永久性通航船闸和一架升船机。三峡工程建筑由大坝、水电站厂房和通航建筑物三大部分组成。

枢纽总体布置方案为：泄洪坝段位于河床中部，即原主河槽部位，两侧为电站坝段和非溢流坝段；水电站厂房位于两侧电站坝段后，另在右岸留有后期扩机的地下厂房位置；永久通航建筑物均布置于左岸。

2. 三峡工程功能

(1)防洪。

兴建三峡工程的首要目标是防洪。三峡水库正常蓄水位 175 m，有防洪库容 221.5 亿 m^3。三峡水利枢纽是长江中、下游防洪体系中的关键性骨干工程。其地理位置优越，可有效地控制长江上游洪水。经三峡水库调蓄，可使荆江河段防洪标准由现在的约十年一遇提高到百年一遇。遇千年一遇或类似于 1870 年曾发生过的特大洪水，可配合荆江分洪等分蓄洪工程的运用，防止荆江河段两岸发生干堤溃决的毁灭性灾害，减轻中、下游洪灾损失和对武汉市的洪水威胁，并可为洞庭湖区的治理创造条件。

(2)发电。

三峡水电站装机总容量为 1820 万 kW，年均发电量为 847 亿 kWh，将产生巨大的电力效益。三峡水电主要供电地区为华中电网(湖北、河南、湖南)、华东电网(上海、江苏、浙江、安徽)、广东和重庆。三峡水电站将引出 15 条 50 万 V 超高压线路，分别向北、东、南 3 个方向接入华中、华东电网，至广东建直流输电工程。三峡水电站全部投入使用后，可以把华中、华东、西南电网连成跨区域的大型电力系统，可取得地区之间的错峰效益、水电站群的补偿调节效益和水火电厂容量交换效益。仅华中、华东两大电网联网，就可取得 300 万~400 万 kW 的错峰效益，从而具备了北联华北、西北，南联华南，西电东送，南北互供，组成全国联合电力系统的条件。

三峡水电站若电价暂按 0.18~0.21 元/(kW·h)计算，每年售电收入可达 181 亿~219 亿元人民币，除可偿还贷款本息外，还可以向国家缴纳大量所得税。

每年可少排放形成全球温室效应的二氧化碳 1.3 亿 t，造成酸雨的二氧化硫约 300 万 t 和一氧化碳 1.5 万 t，以及氮氧化合物等。可见，三峡工程也是一项改善长江生态环境的工程。

(3)航运。

三峡水库将显著改善宜昌至重庆 660 km 的长江航道，万吨级船队可直达重庆港。航道单向年通过能力可由现在的约 1000 万 t 提高到 5000 万 t，运输成本可降低 35%~37%。经水库调节，宜昌下游枯水季最小流量，可从现在的 3000 m^3/s 提高到 5000 m^3/s 以上，使长江中、下游枯水季航运条件得到较大的改善。

3. 三峡工程地质问题分析

三峡工程这样一个规模宏伟的工程，必然面临着各种各样的工程地质问题，这些问题是决定工程兴建成败的至关重要的因素，必须要研究清楚、分析透彻。

(1)坝区工程地质问题。

坝区的主要工程地质问题(一般来说，对水利水电工程来讲，坝址区一般存在的主要工程地质问题有：坝基抗滑稳定问题、渗漏问题、渗透变形问题、边坡稳定问题等等)。

①坝基抗滑稳定问题。三峡大坝选址在三斗坪，坝基为弱风化、微风化的闪长岩，与混凝土的黏结强度高，所以沿接触面产生向下游滑动的可能性小。另外，由于岩体完整性好、强度高，里面的断层不发育，节理裂隙规模也小并且多以陡倾角为主，因此不存在明显不利的深层滑移边界条件，因此经过验算不会发生坝基抗滑稳定问题。另外，对于重力坝即使坝基条件不良，也可以通过合理的建基面选取、坝工设计、坝基处理等措施以达到抗滑稳定性要求，其关键是要认识到这一问题，并认真论证，合理设计。三峡坝址就是以强度高、完整性好的微风化闪长岩为建基面，保证了大坝的抗滑稳定性。

②渗漏问题和渗透变形问题。由于坝基完整性好，节理裂隙不发育，它的透水性比较弱。因此，渗漏问题包括坝基的渗漏和绕坝的渗漏都不严重，能够满足防渗的要求。同时也不存在发生渗透变形的条件，这也是选址在三斗坪的一个至关重要的因素。但是，三峡大坝配置有大型的船闸，船闸边坡的稳定性问题却十分突出，船闸最大的开挖深度达到 170 m，两线船闸间保留宽 60 m 的岩石中隔墩，闸室为高约 60 m 的直立墙，不仅要保证船闸边坡的稳定，而且要控制其变形量，不能超过容许值。相比较来讲，这是一个十分重要的研究课题，处理不好会后患无穷。主要的措施有两个方面，一是在施工过程中采用预留保护层和预裂爆破、光面爆破等工艺，并严格控制起爆药量，最大限度地减少对岩体的扰动，保持岩体完整性；二是采取加固措施保证高陡边坡的稳定，严格限制其变形。整个三峡船闸，高边坡设置了 3600 余束，300 t 级的预应力锚杆和 10 万余根高强系统结构锚杆，此外还设置了防渗和排水系统。经过实践证明，这些措施都是十分有效的，这一工程地质问题得到了成功的解决。

(2)库区工程地质问题。

一般来说库区的工程地质问题主要有：渗漏问题、浸没问题、库岸再造问题、淤积问题和水库诱发地震问题等等。这些问题在三峡库区都有不同程度存在，经过数十年的工程地质勘查与论证，对上述问题都进行了深入细致的研究，得出了可靠的结论。

①渗漏问题。从地形上看，三峡水库可能的渗漏途径有四条，分别是在北岸，通过香溪河向汉水支流南河渗漏，通过香溪河支流高岚河向长江坝后的支流黄柏河渗漏。在南岸则是通过九畹溪向清江支流后河渗漏，通过九畹溪向长江坝后的支流茅坪溪、石牌溪渗漏。这是四条主要渗漏途径，但是要看一下它们具不具备渗漏的条件。三峡库区处于峡谷地区，两岸的山体雄厚，长江也是当地最低的排泄基准面，总体上来讲库水位抬升后，两岸地下水的分水岭变化不大。通过前期的水文地质调查，这些渗漏途径都存在着地下分水岭，其高程也远远高于三峡水库设计的高水位(175 m)。因此三峡水库蓄水后，这些地下分水岭仍然存在，且不会消失，因此就不会通过这些途径产生向临谷的或者是长江下游的永久性的渗漏。通过上述分析我们知道，尽管永久性的渗漏不存在，但是库盆暂时性的渗漏还是不可避免的。

②库岸再造问题。三峡库区沟谷切割深、山高坡陡，并且暴雨频发，崩塌、滑坡和岩体

变形时有发生。根据有关资料，三峡库区长江干、支流共发现前缘低于高程 175 m 的崩塌、滑坡 1190 余处，总体积达到 34 亿 m³，占整个库容的 8.7%。水库的蓄水会淹没这些地质灾害，因此会进一步的降低其稳定性，有可能引发再次破坏。另外还有一些岸坡，在蓄水前是稳定的，但是由于蓄水坡岸岩土体和地下水条件变化，加上库水的冲刷淘蚀作用，也可能会引发一些新的滑坡、崩塌和岸塌。因此产生的库岸再造问题就会严重影响着三峡库区的建设和库区人民生命财产的安全。国家和地方政府在前期也投入了大量的人力物力开展了调查、勘察与治理，取得了良好的效果，把一些库岸再造问题危害比较大的、比较明显的部位都进行了前期的加固处理。但是小规模的塌岸还是不可避免的，甚至还出现了诸如千将坪滑坡这样的少量的大规模的地质灾害。但相对于整个库区来讲，这些新发生的破坏的范围还是很有限的，总体上来讲库岸再造虽然严重，但是前期防护措施还是十分成功的。

③浸没问题。三峡库区是山谷型的水库，两岸主要为斜坡地带，平坦的地形较少，第四系也多是零星分布，因而在库周就不具备发生大面积浸没的条件。同时，因为不会向库外低洼地区发生渗漏，因此也不会引起库盆外侧低洼地区的浸没。所以三峡水库工程不存在严重的浸没问题。

④淤积问题。对于水库而言，淤积的物质的来源主要有：一是库岸因塌岸、滑坡或者崩塌而进入水库的岩土体；二是人类工程活动造成的弃土弃渣，以及因水土流失而形成的泥沙；三是江水从上游携带来的泥沙。由于长江总体上来讲泥沙的含量不大，近年来国家在治理水土流失、崩塌、滑坡等地质灾害方面也加大了力度，大大改善了库区的水土流失现状和库岸的稳定性。因此总体上来讲，淤积问题存在但不是十分突出。并且在大坝设计的时候，已经有了冲淤方面的考虑，在坝身上设计了 26 个底孔用于阶段性的清淤，用以解决淤积问题。从三峡水库的运行情况来看，淤积并不是像原来想象的那么严重，可以得到有效的控制和解决。

⑤水库诱发地震问题。根据以往工程的经验，修建大型的水利工程往往会诱发地震，诱发地震的可能性和强度的大小是与水库区的地质条件和构造条件有紧密关系的。三峡库区现今地壳运动总体上是以差异性不大的整体缓慢上升为主，属于地壳稳定区。除了仙女山断裂之外，几条规模较大的区域断裂，近期也没有发现明显的活动性形迹。根据历史地震记载和 1959 年以来三峡地震台网的记录资料，三峡库区历史上发生 4.75 级以上的破坏性地震共 47 次，其中震级大于 6 级的仅 4 次，属弱震区。根据前期三峡水库诱发地震专题研究成果，水库蓄水后的诱发地震，可能发生在仙女山、九畹溪断裂带一带以及秭归的牛肝马肺峡、巫山的培石之间。但总体上来说，震级一般不会超过 4.75 级，属于低诱发地震区。

总体上说，三峡工程工程地质问题较多，但均在可控制范围内，只要认真对待，采取合理的应对措施，是不会明显影响三峡工程建设的。但是这并不是说这些问题可以忽视不见，如果忽视的话仍然会对工程建设带来致命的威胁。另外，三峡工程的一些主要工程地质问题，之所以不突出，也和选择了一个合理的优良的坝址有关系。

4. 三峡工程坝址选择论证

坝址的选择是水利工程建设中一项具有战略意义的工作，它直接关系到水工建筑物的安全、经济和正常使用，工程地质在坝址选择中占有极其重要的地位。选择一个地质条件优良的坝址，并根据地质条件合理的布置水工建筑物，充分利用有利的地质因素，避开或者是改造不利的地质因素，是水利水电工程地质工作中间的一项重要任务，特别是对于大型的水利水电工程来讲，坝址的选择就更为关键。

（1）坝址选择的原则与步骤。

坝址的选择是一项综合性很强的工作，必须全面统筹考虑。从工程地质角度出发，应将坝址选定在工程地质条件最好、工程地质问题最少的河段，以保证水工建筑物的安全稳定和长期发挥应有的效益，尽可能少地采取工程处理措施，这样就可以降低工程造价，减少不利的环境影响。坝址选择的原则："面中求点，逐级比较"。首先了解整个流域的工程地质条件，选出若干可能建坝的河段，通过地质和经济技术条件的比较，制定梯级开发方案，并确定河段开发次序。经过工程地质勘察和概略设计，对各个选坝址的工程地质条件、可能出现的工程地质问题、各建筑配置的合理性、工程量、造价以及施工条件等进行论证，从中选择一个相对优良的坝址。坝址选定后，还要再提出几条供比选的坝轴线，进行详细的勘探和试验，为设计提供各种必要的剖面和参数，并主要由地质条件来选定供施工的坝线。

（2）三峡工程选址论证过程。

三峡工程的设想，最早可以追溯到 1919 年孙中山先生在《建国方略之二——实业计划》中。1932 年，当时的国民政府建设委员会，就派人员在三峡进行了勘察和测量，编写了《扬子江上游水力发电测勘报告》，拟定葛洲坝、黄陵庙两处低坝方案，这是为开发三峡水力资源所进行的第一次勘测和设计工作。1944 年，美国原垦务局的设计总工程师萨凡奇先生受邀到三峡实地勘察，提出了《扬子江三峡计划初步报告》，即著名的"萨凡奇计划"。1949 年，长江流域遭受了大的洪水，荆江大堤险象环生，得到了中央的高度重视。1950 年初，长江水利委员会正式在武汉成立。1953 年，毛泽东主席在听取长江干流及主要支流修建水库规划介绍时，指着地图上的三峡说"费了那么大的力量修支流水库，还达不到控制洪水的目的，为什么不在这个总口子上卡起来？先修那个三峡大坝怎么样？"，就这样三峡工程被提上日程。从1955 年起，在中共中央、国务院领导下，有关部门和各方人士通力合作，全面开展了对长江流域的规划，提出了南津关和美人沱两个坝区，并在两个坝区开始了系统的勘测、科研、设计和论证工作。南津关坝区从三峡出口南津关起，上溯至石牌止，在 13 公里河段中初选了 5 个坝段；美人沱坝区从莲沱起，上溯至美人沱止，在 25 km 河段中初选了 10 个坝段。通过对这 15 个坝段的勘察研究与筛选，选择了南津关坝区的南津关坝段和美人沱坝区的三斗坪坝段进行深入的地质勘察。1958 年 3 月，周恩来总理登上了三斗坪的中堡岛，与专家共同研究了三峡工程坝址的优选方案。1959 年召开了第一次的选坝会议，会上经过充分的研讨选定了美人沱坝段，又在该坝段进一步提出了太平溪、三斗坪和黄陵庙三个比选的坝址。又通过了20 年的详细工程地质勘察，经全面比较三个坝址的工程地质条件优劣，认为三斗坪坝址最为理想。在 1979 年的选坝会议上就最终选定了三斗坪作为三峡水利枢纽的坝址。1992 年 4 月3 日的第七届全国人大第五次会议，通过了《关于兴建长江三峡工程的决议》。1994 年 12 月14 日，国务院总理李鹏在三斗坪举行的开工典礼上宣布三峡工程正式开工。

（3）选址三斗坪坝址的依据。

三斗坪坝址是经过详细的勘察论证，在 2 个坝区、15 个坝段、数十个坝轴线中历时 20 多年经过专家充分论证才最终选定的。起初，按照"萨凡奇计划"认为南津关是最理想的坝址，原因是此处为峡谷、岸坡陡、高差大、河道狭窄，适于修建高坝，并且工程量相对来讲最小。但是经过多年的工程地质勘察，越来越认识到南津关坝区虽然有上述的优势，但这里出露的主要是寒武系、奥陶系的碳酸盐岩地层，岩溶十分发育，容易产生严重的渗漏，并且处理措施复杂，技术上没有把握。同时，由于河道狭窄，场地有限，水工建筑物的布置也十分困难，导流和施工也都十分困难，经济上也不合理。而美人沱坝段是结晶岩，岩石新鲜，完整性好，透水性差，不易产生渗漏，强度也高，满足对坝基的要求。同时，这里河谷开阔，建筑物易于布置，导流与施工都相对方便。它的缺点就是坝轴线长、工程量大，结晶岩的风化壳的厚度也比较大，但是这些问题处理起来也比较有把握。

因此，初步比选的结果，就是美人沱坝区胜出。在美人沱坝区的 10 个坝段中，地质构造背景、岩性条件都基本上相似，地质条件差异主要是河谷地貌和岩石风化深度这两个方面，根据这两个方面 10 个坝段可以分为两种类型，一类是以太平溪坝段为代表的中等宽河谷，另一类是以三斗坪坝段为代表的宽河谷。这两个坝段均具备兴建混凝土高坝的基本地质条件，太平溪坝址河谷相对较为狭窄，修建高坝混凝土的方量要比三斗坪小得多，坝基条件与三斗坪相似。但是也正因为河谷狭窄，不可能实施分期导流，而只能采取隧洞导流。长江水流量大，如果采用隧洞导流，需要修建很多条隧洞才能满足导流要求，这在技术上很困难，在经济上也不合理。另外，该坝段河底还有多个深潭，这也就导致围堰的选址也较为困难。而三斗坪坝址则具备分期导流的条件，江心的中堡岛正好适于修建纵向的围堰，上、下游的围堰的选址也比较的优越，加之枢纽的布置、施工场地等条件不同，经过综合的比较后，最终选定了三斗坪作为三峡工程大坝的坝址。

(4) 坝址比选考虑的地质因素。

从工程地质角度来讲，坝址选择应该对各坝址工程地质条件的优劣、主要工程地质问题的严重程度、工程处理的难易以及工程量的大小等进行综合分析，加以选择。但是工程地质条件是最根本的，故而应首先对工程地质条件进行勘察、评价，在此基础上进行充分的论证。论证的依据主要包括以下几个方面，包括地形地貌、地质构造、岩土体性质、水文地质条件以及物理地质现象，并且还要预计到可能产生的问题和处理这些问题的难易程度和工程量大小。

1) 从地形地貌考虑。河谷地形地貌是影响选定拦河坝坝型、有关附属建筑物类型、枢纽布置和施工方案设计的重要依据，它还是控制总工程量和工程造价的主要因素。宽度适中的河谷，有利于节省坝体工程量和合理布置各向建筑物的位置，且施工条件也比较好；狭窄的峡谷可节省工程量，但应考虑对导流、施工的影响以及岸坡的稳定性；宽阔河谷地段筑坝，有时需要做很长的副坝，工程量浩大。

2) 岩土体性质考虑。岩土体性质对坝址的比选，也常常具有决定性的意义。修建高坝特别是混凝土坝，应选择坚硬完整、新鲜均匀、透水性差而抗水性强的岩石作为坝基。

3) 地质构造考虑。地质构造在坝址选择中同样不能忽视，尤其是对地形较为敏感的刚性坝来说，在地震活动强烈或者是活动性断裂发育的地区，选坝的时候应尽量避开或远离活动断裂，而选择区域稳定条件相对较好的地块。在选坝前应进行区域地质的研究，查明区域地质构造的格局，尤其要查明活动断裂，预测诱发地震的概率及震级。另外地质构造也经常控制坝基、坝肩岩体滑动的边界条件，对坝基、坝肩岩体稳定性的影响也不可忽视。

4) 水文地质条件。从防渗角度出发，水文地质条件也是重要考虑的因素。岩溶区的坝址应尽量选在有隔水层的横谷，且陡倾岩层倾向上游的河段上。同时还要考虑水库是否有严重的渗漏问题，库区最好是强透水层，底部有隔水岩层的纵谷，且两岸的地下水分水岭较高。

5) 物理地质现象。影响坝址选择的物理地质现象较多，诸如岩石风化、岩溶、滑坡、地震等，从一些工程实例看，滑坡对坝址的选择影响较大。

6）天然建筑材料。修建大坝需要大量质量合格的天然建筑材料，就地取材是保证造价低廉的基本原则。因此，当地有没有储量充足的料场，也是坝址选择中必须考虑的重要因素。

【思考题】

（1）大型水库选址需要考虑哪些因素？

（2）为何水库会诱发小规模地震？

（3）修建大型大坝水库会面临哪些工程地质问题？

6.2.3　路线 14　拐子沟金矿尾矿坝工程地质路线

【知识点】金矿、尾矿库、尾矿坝稳定性、防渗

路线内容

（1）单位：秭归金山实业有限公司

（2）位置：秭归县茅坪镇月亮包村四组

（3）内容：该路线主要参观秭归金矿，因矿洞不准学生进入，本次实习主要了解矿山概况，重点讲解矿山水、工、环地质问题，尤其是尾矿坝稳定性及地质环境问题。

（4）地理位置：秭归县茅坪金矿区拐子沟矿段位于秭归县城区约 210°方向，直线距离约 5 km。行政区划隶属秭归县茅坪镇月亮包村和茶场村所辖，面积约 3.99 km²。

图 6-36 为矿区卫星影像。

图 6-36　矿区卫星影像

（5）历史：茅坪金矿始建于 1975 年，为地方民办企业，1985 年被划定为县属地方国营企业，从建矿至今已有 30 余年的历史。

（6）地形地貌：矿区位于长江南岸的中低山区，山势起伏较大，地形西高东低，坡度较陡，沟壑较发育，基岩裸露。区内最高点在矿区西部尖峰岭，海拔标高约 1000 m，最低点在矿区东南部，海拔标高约 400 m，相对海拔高差约 600 m。矿脉分布范围的地貌单元为单面坡。

（7）矿区地质概况。

①地层：矿区内出露的皆为与黄陵花岗岩同期侵入的黑云母石英闪长岩。根据区域岩石绝对年龄测定时代距今 9.2 亿年。属于黄陵花岗岩边缘相产物，呈基岩产出。闪长岩中穿插有花岗岩脉、辉绿玢岩脉、长英岩脉、石英脉等。其中晚期石英脉含金矿。

②构造：矿段内断裂构造主要为 NW—NNW 向，次为近 SN 向，近 EW 向及 NE 向。按含金与否及其彼此的切割关系，可分为三组，即无矿断裂带、控矿断裂带和成矿后断裂。

（8）矿体地质特征：矿区矿脉均受含矿断裂控制，矿段内以 NW 向矿脉最具规模，近南北向次之，NNW 向再次之。矿脉倾角 55°~75°。矿区矿石一般品位 6.25~22.10 g/t，最高品位 73.0 g/t，平均品位 13.31 g/t。

（9）工程地质条件。

①矿区地质构造简单，无较大规模断层，次级断裂对矿区工程地质和采矿影响不大。

②矿体顶、底板岩体为层状不连续介质类型，岩层基本完整，软弱夹层不发育，力学强度高，除少量垮块外，未发现坍塌、冒顶现象，总体稳固性较好。

③含矿破碎带为碎裂结构不连续介质类型，总体稳固性较好。但是应留足保安矿柱，加强支护，防止大面积坍塌。

④老采空区存在安全隐患，可能导致坑道涌水、地面塌陷或地裂缝。但由于矿体薄，开拓空间小，发生地面塌陷或地裂缝的概率小。

（10）水文地质条件。

矿床主要充水含水层为构造破碎带裂隙含水层、第四系孔隙含水层、闪长岩风化裂隙含水层。矿坑水的补给主要来自构造破碎带含水层。构造破碎带含水层主要接受充沛的大气降水及地表水的补给，矿区地形有利于大气降水、地表水的自然排泄。各含水层富水性弱，正常情况下地表水与大气降水不会对矿井造成直接充水威胁。本矿床属于以裂隙充水为主，水文地质条件简单的裂隙充水矿床。

（11）环境地质条件。

因采矿采用削壁充填法开采，井下开采所形成的采空区未对地表造成破坏，井下废水对地表水污染小。矿井生产规模小，井下产生的大量废石充填采空区，少量废石运出地面，而运出地面的废石不断进行利用，只有少量废石堆积。矿山现状条件下没有崩塌、泥石流、地面塌陷等地质灾害。

（12）环境地质问题。

尾矿库位于矿区东侧，其西、南侧利用山脊地形为界，其北侧建有围墙，其东侧建有混凝土尾矿坝。尾矿库北侧及东侧分布有月亮包村居民、月亮花谷景区。尾矿库一旦产生地下水污染，将直接影响居民及景区用水安全。

【点位 1】金矿采矿区

【点义】金矿采矿区观察点

【教学点内容】在矿场中实地考察，废石中含有石英脉、长石等，为石英脉型矿床。采矿区主要采用平硐开采方式,由主井进入,山后有分井,山体内沿矿脉往上布置采掘工作面,沿坑道向上开采,属于上山开采。采集后产生的废石形成路基,其上有轨道,方便将矿石使用运矿车运至选厂。采矿区中平井后定有风井,矿井通风系统完整。

该矿场中金存在于黄陵花岗岩中,为岩浆热液型金矿,与黄陵花岗岩同时期,距今 9.2 亿年。金在矿石中有三种存在形式,一种是显微金,属于金单质;第二种为粒间金,其常常附着在黄铁矿等矿物颗粒中;第三种为"狗头金",砂金内二次富集出现。

矿山的选厂主要是用于从原矿中选择品质较高的精矿。选矿的方法主要有三种方法,一种为磁选,其主要针对的是磁铁矿;第二种为浮选,将矿石粉碎后加水及药剂,使矿物分层,再将需要的部分进行提取;第三种为重选,主要是利用矿物颗粒间的相对密度、粒度、形状的差异来进行选矿。

实习路线中的矿山选厂中的金矿主要在硫化物内,硫化物的比重大于脉石矿物,采用重选回收率达到 80%,之后再进行冶炼。对于含硫的金矿石,主要采用浮选和氰化的简单工艺选矿。

【点位 2】尾矿坝

【点义】金矿尾矿坝观察点(图 6-37)

【教学点内容】选厂中冶炼矿物产生的废弃物需要通过尾矿坝进行处理。尾矿坝工程主要由存砂库、大坝、输浆系统、截水系统以及导渗系统构成,其中大坝与存砂库为主要建筑物,起引拦挡和库存矿浆沉砂作用。

(a)　　　　　　　　　　　　　　　　　(b)

图 6-37　拐子沟尾矿坝
(a)尾矿坝底部;(b)尾矿坝顶部

尾矿坝是经济效益与环保效益相结合的工程。一方面,由于技术的限制,矿物的提取率只有 80% 作用,尾矿坝能够将尚未提炼的有用金属进行储存,便于日后技术进步进行二次提炼;另一方面体现在,尾矿坝的处理污水、废水以及环境监测的功能。图 6-38 为某典型尾矿设施示意图。

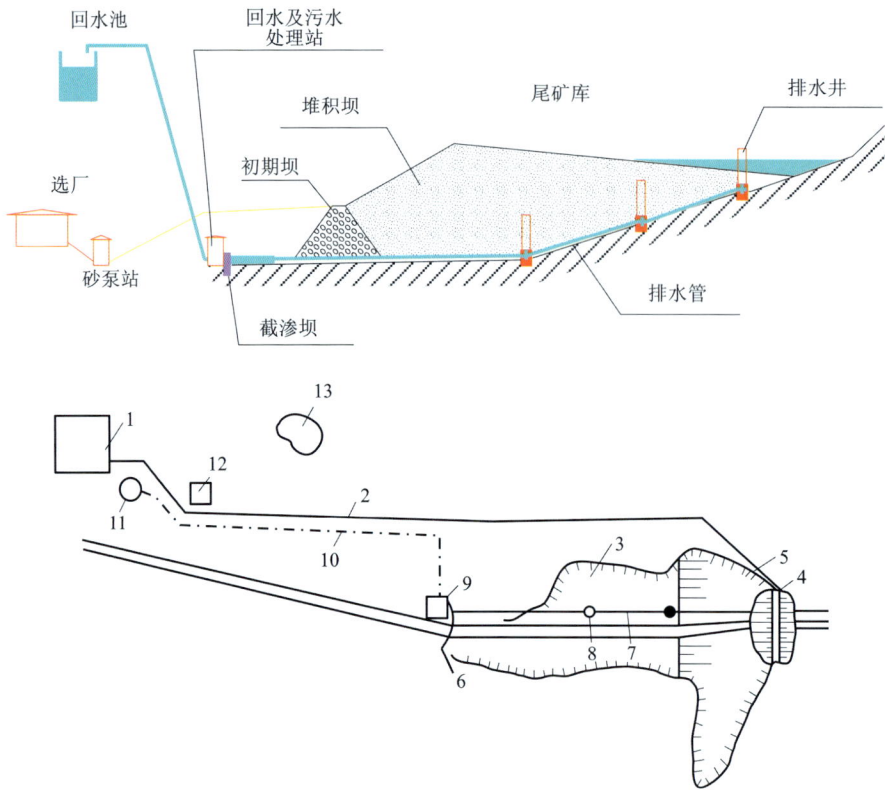

图 6-38　某典型尾矿设施示意图

1—选矿厂；2—尾矿运输管；3—尾矿沉淀池；4—初期坝；

5—尾矿堆积坝；6—进水头部设施；7—排出管；8—排水井；

9—水泵房；10—回水管路；11—回水池；12—中间砂泵站；13—事故沉淀池

【教学点背景资料】

1. 尾矿库设计建设内容

尾矿库的选择：尾矿库的类型、库址的选择、尾矿库的布置、设计所需资料、库容及坝高、尾矿库的等级。

尾矿坝的设计：坝址的选择、初期坝的设计、尾矿堆积坝设计。

排水构筑物设计：类型及布置，排水系统设计。根据地形条件不同，尾矿库可分为如下类型。

（1）山谷型在山区和丘陵地区，多利用自然山谷，三面环山，在谷口一面筑坝建库；

（2）山坡型在丘陵和湖湾地区，利用山坡洼地，三面或二面筑坝；

（3）平地型在平原、沙漠地区，在平地筑坝建库；

（4）截河型尾矿库，拦截河流作为尾矿库。

表 6-1 为尾矿坝类型与特点，图 6-39 为尾矿坝示意图。

表 6-1　尾矿坝类型与特点

库　型	初期坝平面形式	特点
山谷型	在谷口一面筑坝	初期坝短，工程量小，基建费用省，尾矿堆坝工作量小，管理维护简单，应优先选择
山坡型	利用山坡阶地二面或三面筑坝	初期坝长，工作量大，基建费用高，尾矿堆坝工作量大，管理维护复杂，安全性差，只在无适合的山谷做尾矿库时才选用
平地型	在平地四周筑坝	

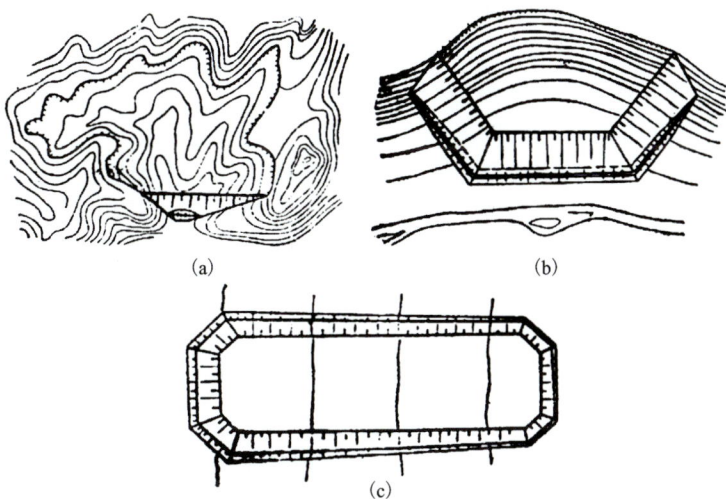

图 6-39　尾矿坝示意图
(a)山谷型；(b)山坡型；(c)平地型

2.尾矿库库址选择

尾矿库的选择在很大程度上决定尾矿设施基建费和经营费的多少以及管理工作的繁简。选择尾矿库考虑下列原则：

(1)不占或少占耕地，不拆迁或少拆迁居民住宅；

(2)距选矿厂近，尽可能自流输送尾矿；

(3)有足够的库容(使用年限不应少于五年)；

(4)汇雨面积小；

(5)坝址及库区工程地质条件好；

(6)处于厂区和大的居民点下游，并最好位于下风向；

(7)库区附近有足够的筑坝材料；

(8)节省基建投资和经营费用。

3.尾矿数量及特性对库址选择的影响

尾矿的数量，粒度和矿浆的浓度、成分是决定尾矿库规模及形式的重要条件，是选择库址的重要依据。

尾矿库的库容应能满足尾矿数量及其相应的服务年限。一般最低的服务年限不能少于5年(目前建设一个新尾矿库需要3~5年的时间)。一般应按矿山的储量来选择尾矿库,如地形条件允许,最好一个矿山用一个库来堆存尾矿。

尾矿的粒度决定了是否能用尾矿堆坝。目前,粉砂类和砂类尾矿可用以堆坝,也可以堆高坝,泥类尾矿则堆坝高度受到一定限制。

冶金工业部建筑研究总院研究认为,尾矿颗粒粒径0.02 mm是筑坝颗粒粒径界限。如尾矿中>0.02 mm颗粒达25%~30%就可以考虑用尾矿筑坝,但坝高及坝体上升速度受到限制,如果尾矿中平均粒径为0.03 mm,>0.02 mm达到50%以上,>0.037 mm达到30%以上,则应考虑用尾矿筑坝。

矿浆的浓度对于尾矿的处理方式也有一定的影响。尾矿浓度也影响沉积滩的坡度,这对尾矿库的库容规划也是有影响的。尾矿浆的成分包括尾矿和尾矿水的成分,影响到尾矿库的选型和水处理设施。

4. 地形地质条件对库址选择的影响

(1)地形条件对库址选择的影响。

对山谷型尾矿库来说,河床坡度要缓,有一段窄的口子可作坝址,对于中线式和下游式堆坝法还要求有一定长度,库内比较开阔,同时要考虑邻谷的相互影响,山坡型尾矿库址要求山坡坡度较缓;平地型尾矿库则以能找到封闭形的洼地为宜。

(2)地质条件对库址选择的影响。

库区内有无不良地质构造,如断层、滑坡、溶洞等,对建库后可能产生影响。库址的地质条件应注意渗流、塌方和泥石流三个问题。一是渗漏问题,主要是了解库区周围的岩层性质和地质构造条件,以及地下水位和地下水的补给条件;二是坝基及库岸的稳定问题,主要是了解库区有无滑坡体,有没有放矿后引起库岸滑塌的条件,应特别注意坝肩附近及排水构筑物进出口附近有无这种滑坡体;三是泥石流问题,主要分析库区有无产生泥石流的条件。充分考虑泥石流的产生对泄洪设施及坝体安全造成的影响及应采取的防范措施。

5. 尾矿库库址选择的其他影响条件

尾矿库的淹没条件经常是选择库坝址的重要因素。要考虑库区淹没范围的农田,林木等数量及居民户数和人口。

对附近居民水源及下游水库、河道等水质有无影响。

库区内有无矿产,库区与采矿场关系。

对附近铁路,主要公路等及公用设施有无影响。

对周围名胜古迹有无影响,必要时要做文物勘察。

库区最好位于工业和居民区下游与常年主导风向下方。

6. 尾矿坝的设计

尾矿坝包括初期坝和堆积坝,尾矿坝的设计分为初期坝和堆积坝两部分。初期坝是用非尾矿的材料筑成,其主要作用是为以后的尾矿堆积坝打基础,又称基础坝。

初期坝是用非尾矿的材料筑成,其主要作用是为以后的尾矿堆积坝打基础。初期坝作为尾矿坝的支撑棱体,应具有较好的透水性,以便使尾矿堆积坝迅速排水,加快固结,有利于稳定。

坝型选择应考虑就地取材、施工方便、节省投资。

根据目前国内所用筑坝材料和施工方法，初期坝（包括尾矿库挡水坝）坝型可归类如表 6-2 所示。

表 6-2　初期坝类型

坝类型		材料	施工方法
土石坝	土坝	土及砂砾为主	碾压
			水力充填
	土石混合坝	土及砂砾占 50% 以上	碾压
			水力充填
		石碴、卵石、爆破石料占 50% 以上	碾压
			抛填
			进占
			定向爆破
	堆石坝	石碴、卵石、爆破石料	碾压
			抛填
			进占
			定向爆破
砌石坝	重力坝	块石料	干砌
	重力坝、拱坝		张砌
砼坝	重力坝	水泥及骨料	浇筑
	拱坝		

初期坝按是否透水可分为两种基本类型。

①不透水坝，这是一种以防渗为目的的坝型。由黏土、钢筋混凝土、土工薄膜、沥青等材料作防渗体的堆石坝。

适用条件：

当尾矿水含有害物质，以防对下游环境污染时；

尾矿过细不能堆坝；

要求尾矿库内回水，而坝下游回水不经济时。

不透水坝大多是土坝，少数为砌石坝或混凝土坝。由于土坝可就地取材，施工方便，筑坝工艺简单，故得到广泛应用。土坝要求筑坝土料级配良好，压实性好，可得到较高的干容重，较小的渗透系数，较大的抗剪强度。但由于坝体不能起滤水作用，所以堆积坝的浸润线较高，对其稳定不利，故只适用于小型尾矿库，或需在堆积坝内设置大量排渗设施来降低浸润线。实践证明，不透水初期坝的尾矿库，堆积坝的高度超过 20~30 m 以后，浸润线会在初期坝顶以上的堆积坝坡逸出，易造成管涌，导致垮坝事故的发生。

因此，在采用这种坝型时，一般需采取一些降低浸润线的排渗措施，以利于堆积坝的稳定。

②透水坝是一种在坝体内进行有组织的排水，允许有组织有计划渗水的坝型。

透水坝一般是堆石坝，它是由堆石体、上游面铺设反滤层和保护层构成所谓的透水堆石坝，利于尾矿堆积坝迅速排水，降低尾矿坝的浸润线，加快尾矿固结，有利于坝的稳定。反滤层系防止渗透水将尾矿带出，是在堆石坝的上游面铺设的，另外在堆石与非岩石地基之间，为了防止渗透水流的冲刷，也需设置反滤层。堆石坝的反滤层一般由砂、砾、卵石或碎石三层组成，三层的用料粒径沿渗流流向由细到粗，并确保内层的颗粒不能穿过相邻的外层的孔隙，每层内的颗粒不应发生移动，反滤层的砂石料应是未经风化、不被溶蚀、抗冻、不被水溶解，反滤层厚度不小于 400 mm 为宜。为防止尾矿浆及雨水对内坡反滤层的冲刷，在反滤层表面需铺设保护层，其可用干砌块石、砂卵石、碎石、大卵石或采矿废石铺筑，以就地取材，施工简便为原则。如有可能，可利用矿山剥离废石筑坝。由于透水坝具有拦砂滤水的作用，能降低堆积坝的浸润线，对尾矿库的稳定(包括动力稳定)有利，因此大、中型尾矿库和地震区的尾矿库大多采用这种坝型。在一些缺乏石料的地区，也有将土坝上游坡建成反滤式坝坡。

初期坝的坝型选择主要应根据当地具体条件，贯彻因地制宜，就地取材的原则。

7. 尾矿坝管理监测

尾矿坝的使用过程也是后期坝的施工过程，使用管理工作直接关系到坝体的质量和安全。在长达十余年甚至数十年的使用过程中，难免受到各种自然或人为的不利因素的影响，威胁坝体安全。应建立齐全的坝体监测设施，定期观测分析，及时掌握坝体工况，防患于未然。对大、中型及高烈度地震区的尾矿坝，应在使用中期进行坝体安全鉴定，必要时应通过勘察、试验和分析来进一步验证设计，为后期筑坝提供依据。图 6- 40 为某尾矿坝监测示意图。

尾矿坝观测装置是为监测尾矿坝实际工况所安装的设备。常用于监测坝体变形、浸润线位置、孔隙水压力、渗流水量和水质以及土压力等。尾矿坝的观测除采用设备监测外，借助肉眼观察也十分重要。其观察内容较广，如坝坡有无明显变形、塌坑、沼泽化、渗水、裂缝及蚁穴鼠洞等。观察到的情况可作为监测资料的补充。

(1)坝体变形观测装置。用以监测坝体变形情况，从而预测坝体有无局部滑坡或整体滑动的趋势。监测坝体表面位移的观测装置通常由埋设的观测标点桩和工作基点桩组成。观测标点桩布置在有代表性或控制性的坝体横断面上；工作基点桩设于坝端两岸不受坝体变形影响，不易受外界因素损坏，且便于观测的地点。设置高程尽量与同一排观测标点一致。对于较重要的尾矿坝，还可埋设钻孔测斜仪和分层沉降仪观测坝体内部变形。

(2)浸润线观测装置。用以监测坝体内浸润线的位置。在控制性坝体横断面上，埋设一组测压管(不少于三个)，测压管底部应低于设计预期浸润线 1 m 左右。测压管用直径 30～50 mm 的钢管或塑料管制作，下端封闭，管壁钻孔，外缠滤网或包土工布。埋设时应详细记录管口和管底标高、滤网结构及进水段的长度和位置。该资料应长期保存备查。观测时用自动水位测读仪测出各测压管内水位，再将同一横断面各测压管水位连成一条曲线，即可近似作为浸润线。根据浸润线位置变化情况，可初步评价尾矿坝的安全状态。

(3)孔隙水压力观测装置。通常用孔隙水压力仪观测坝体的孔隙水压力，为用有效应力法分析坝体稳定性提供依据。孔隙水压力仪一般由感应测头、导管或导线和测读装置组成。测头埋入坝体内，测读装置设在坝外观测室内，两者通过导管或导线连接。常用的有水管式、钢弦式和电阻应变片式等压力仪。水管式压力仪常用于观测非饱和土的孔隙水压力；钢弦式应用广泛，性能稳定，耐用；电阻应变片式压力仪较灵敏，适用于动孔隙水压力测量，但长期稳定性差。埋设测头时，应使测头周围的土料尽量保持原状，导管或导线应及时引入观测室与测读装置相连接。有关资料，如埋设时周围土质性质、回填土试验、埋设时间、天气情况、仪表的标定和初始观测的记录等，应及时整理，移交生产管理部门，归档备查。

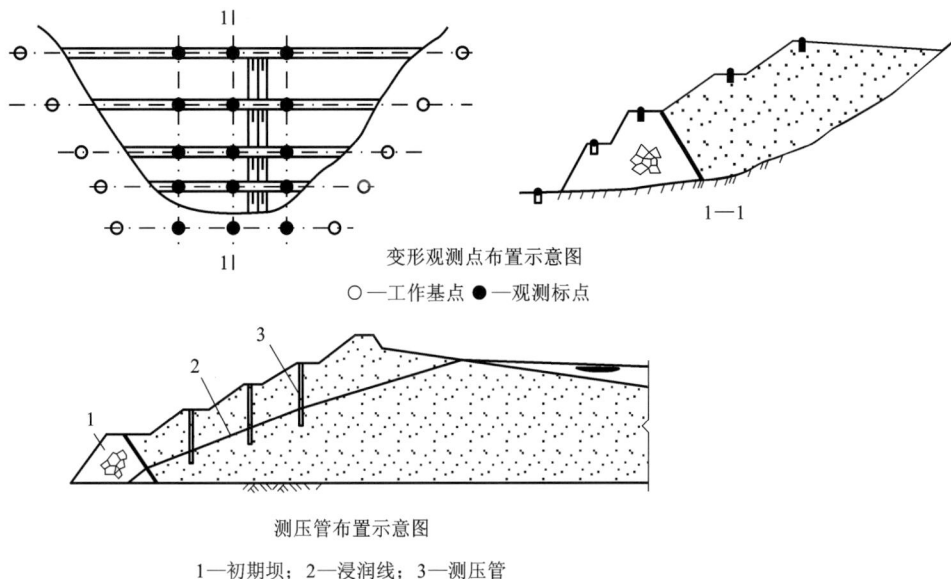

变形观测点布置示意图

○—工作基点　●—观测标点

测压管布置示意图

1—初期坝；2—浸润线；3—测压管

图 6-40　某尾矿坝监测示意图

（4）土压力观测装置。通常用土压计测量坝体作用于排水管上的土压力，为正确分析排水管内力提供依据。土压计由压力盒、导线和测读仪构成。压力盒在排水管浇注混凝土时嵌入管壁内，使其承压面与管壁外表面齐平。测读仪设在坝外观测室内，压力盒通过电缆线与测读仪连接。常用的有钢弦式和电阻应变片式土压计。前者采用频率接收器测读钢弦振动频率，从率定曲线上查出土压力；后者采用电桥测读电阻应变片的电阻及电阻比，再从率定曲线上查出土压力大小。

8. 排渗设施

矿坝排渗设施是为排除尾矿坝坝体渗水，增强坝体稳定性，在坝内设置的排水系统。尾矿库内的水沿尾矿颗粒间的孔隙向坝体下游方向不断渗透形成渗流。稳定渗流的自由水面线称为浸润线。尾矿坝内浸润线位置越高，坝体稳定性越差，地震液化的可能性也越大。坝内设置排渗设施可有效地降低浸润线，并有利于尾矿泥的排水固结，是增强坝体稳定性的重要措施。尾矿坝是否设置排渗设施，应通过渗流计算和稳定分析确定。初期坝为透水坝型时，运行期间能保持必要的干滩长度的中小型尾矿坝，一般可不设或少设排渗设施。排渗设施尽可能预先埋设，以节省工程费用。当尾矿坝堆积到一定高度后，受不可预计因素影响，出现浸润线过高，抗滑稳定性或渗透稳定性不符合要求时，才采用后期补设。排渗设施施工质量直接影响排渗效果，滤层的好坏是关键。如采用砂石结构滤层，则砂石料的颗粒级配必须严加控制；如采用土工织物滤层，则施工时应严防损伤和开缝。对用机械抽吸的排渗设施应定期检查，及时维修，确保机械正常运行；对自排式的排渗设施应经常观测渗水水量和水质，如发现水质变浑或水量骤减，须及时分析，查明原因，妥善处理。尾矿坝的排渗设施有水平排渗、竖向排渗和竖向水平组合排渗等三种基本类型。

（1）水平排渗。在坝基范围内或在不同高程的沉积滩面上预埋盲沟、滤管或滤板等排渗体，将渗水引至集水总管，自流排出坝外。对已堆积到一定高度而未预埋排渗体的尾矿坝，可用水平钻机在下游坡面上向坝内顶管设置水平滤管。水平滤管具有不耗能源，管理简便，施工快，造价低的优点。当尾矿坝内有厚层矿泥夹层时，仅用水平排渗效果稍差。

（2）竖向排渗。在坝基范围内预设或在尾矿沉积滩上补设渗水竖井，渗入井内的水用机械抽吸或在井底另设水平管自流排出坝外。渗水竖井可采用外包滤层的钢管井、钢筋混凝土管井、无砂混凝土管井、碎石盲井、袋装砂井或塑料插板等结构。竖向排渗的优点是可贯穿矿泥夹层，沟通上下各土层的渗水，迅速降低浸润线。但大多需专人维护管理，且耗电。

（3）竖向水平组合排渗。由竖向排渗与水平排渗有机组合而成的排渗方式。竖向渗井内聚集的渗水，通过水平排渗设施排出坝外。它兼有两种排渗方式的优点，但造价较高。多用于有较厚矿泥夹层，浸润线位置很高的尾矿坝。

【思考题】

（1）矿山工程地质、水文地质与环境地质问题有哪些？

（2）尾矿坝稳定性与防渗评价有何意义？

6.3　水文地质与岩溶地质问题

实习区岩溶现象发育，常见岩溶地貌形态有：溶蚀峡谷、峰林、峰丛、洼地、漏斗、溶洞、地下暗河、落水洞、溶蚀槽隙等。

由于碳酸盐岩成分不同，结构构造及地质条件等差异，导致岩溶发育速度及强度差异，因而空间上岩溶发育存在较大差别。从岩性讲，可以概括为以灰岩为主、以白云岩为主以及泥灰岩为主的三种岩溶类型。

实习区内主要岩溶工程地质问题有：

（1）坑道岩溶突水。当采煤平硐揭穿有水溶洞时，引起突然的涌水现象。

（2）岩溶地面塌陷。地下存在大面积溶空区，在地下水等作用下，产生较大面积的地面下沉塌落现象。

本节内容，将介绍实习区内岩溶情况及有关的工程地质问题。

6.3.1　路线 15　高家溪岩溶、危岩体观察

图 6-41 为线路 15 示意图。

【知识点】地层层序、岩溶、危岩、盖帽白云岩、印模构造

计划路线主要为循着高家溪道路观察岩溶系统。任务为复习前寒武（南华、震旦）地层，观察灯影组小构造，了解棺材岩危岩体，观察并描述当地岩溶发育特征，描绘素描图，并分析岩溶形成机理及其工程地质意义。

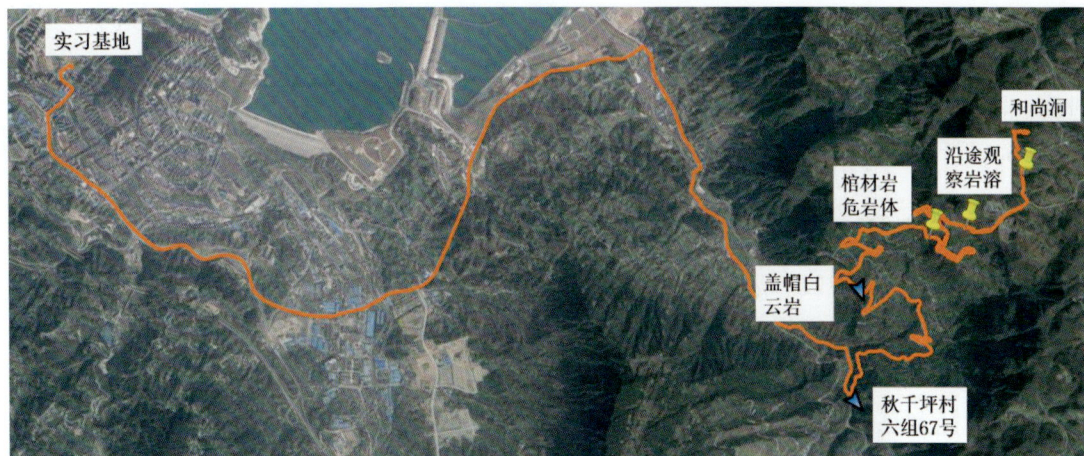

图 6-41　路线 15 示意图

【点位 1】秋千坪村六组 67 号旁小路往东约 100 m 处(高家溪石板桥房子后)

【点义】南华系莲沱组与黄陵花岗岩体接触界线观察点(图 6-42)

【教学点内容】点上部为莲沱组地层,紫红到暗紫红色的中至厚层状砂砾岩,含砾粗砂岩、长石石英砂岩、石英砂岩、细粒岩屑砂岩、长石质砂岩夹凝灰质岩屑砂岩、含砾岩屑凝灰岩,由下而上碎屑粒度由粗变细,发育交错层理、平行层理,这是一套以河流相为主的陆相沉积岩。地层产状为 165°∠13°。点下部为黄陵花岗岩岩体、灰红色花岗闪长岩,主要矿物斜长石、石英、正长石及角闪石,风化严重,拟将黄陵花岗岩主体侵位的时间定位 820 百万年。两者接触关系为角度不整合接触。依判断据:①接触界线不平整,可见古风化壳;②上覆地层莲沱组底部含有砾岩层,其中砾石成分与下伏黄陵岩体岩性一致;③界线上下底层时代不连续,莲沱组年代在 750 百万年左右,黄陵岩体年龄约 820 百万年,缺失 0.7 亿年的地层。

图 6-42　莲沱组与黄陵花岗岩界线

【点位2】花鸡坡(287省道与花纸路交界)
【点义】南华系南沱组与莲沱组地层观察点(图6-43)

图6-43 莲沱组地层

【教学点内容】点西为莲沱组地层,点东为南沱组地层,植被覆盖严重,因为两组地层抗风化能力不同,地形骤然变陡处与地层界线近重合,莲沱组和南沱组界线处露头较差。花纸路与287省道交汇处,可以观察到莲沱组顶部紫红色砂岩、粉砂岩,自下往上,地层构造由中厚层变为薄层,沉积物粒径由粗变细,呈韵律层出现,反映水体的动荡升降环境。点东为南沱组地层,为灰绿色、紫红色冰碛泥砾岩(图6-44),上部夹层状砂岩透镜体,冰碛砾岩中的砾石分选性差,少数表面具擦痕,厚度为60~100 m,下部凝灰岩夹层定年结果,为(621±7) Ma,与上覆陡山沱底部凝灰岩夹层定年结果(635.2±0.6) Ma对比,显示南沱组持续时间较短。

南沱组和莲沱组地层接触关系,呈平行不整合接触。判断依据:①环境变化大;②接触界面不平整;③区域上有古风化壳。

图6-44 南沱组冰碛砾岩

【点位 3】上一点位沿 287 省道往前约 100 m

【点义】南沱组与陡山沱组地层界线观察点（图 6-45）

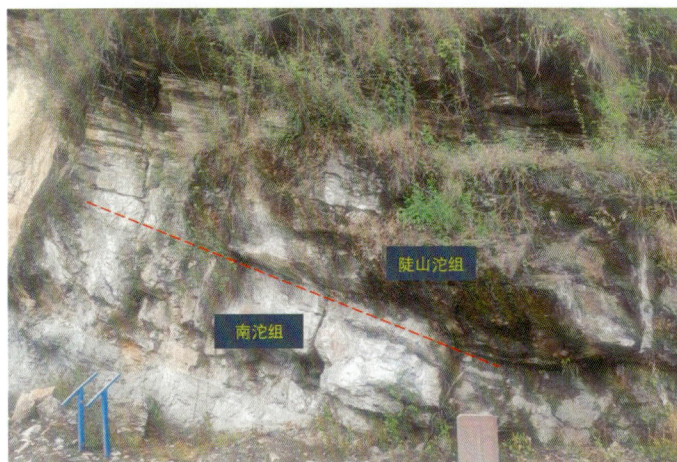

图 6-45　南沱组与陡山沱组界线

【教学点内容】点西为南沱组的灰绿色块状冰碛砾岩，陡山沱组的底部可见一套灰绿色的火山凝灰岩，定年结果为（748±12）Ma。点东为陡山沱组一段盖帽白云岩，灰色、深灰色厚层含硅质，含燧石结核白云岩、薄至中层状白云岩、灰质白云岩，浅海环境厚约 4 m，底部凝灰岩夹层定年结果为（635.2±0.6）Ma，指示陡山沱组起始时间。

陡山沱组分为四段，从下往上依次为白、黑、白、黑，俗称黑白互层，陡山沱组和南沱组两者呈平行不整合接触。判断依据：①存在古风化壳；②接触界面不平整；③沉积环境不同；④产状一致。

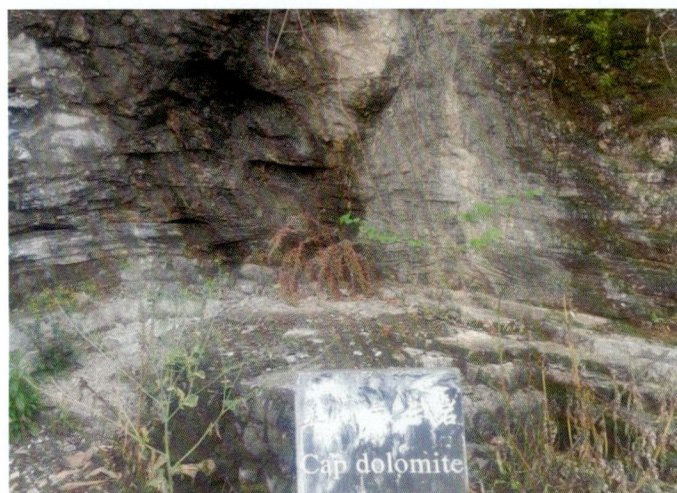

图 6-46　陡山沱组一段盖帽白云岩

【点位 4】点位 3 以东 150 m 之间

【点义】陡山沱组二段观察(图 6-47)

【教学点内容】沿途断续出露陡山沱组二段，深灰至黑色薄层泥质炭质，炭质白云岩夹薄层炭质泥岩，呈不等厚互层状韵律，硅质结核，硅质结核状如围棋子(图 6-48)，内含黄铁矿，地层产状为 175°∠10°。

图 6-47　陡山沱组二段

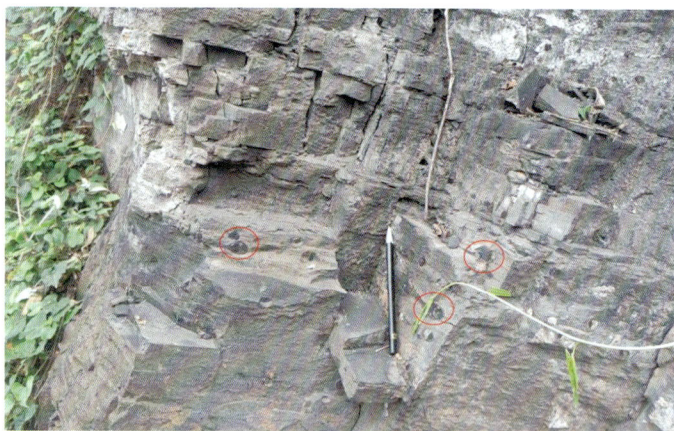

图 6-48　陡山沱组二段硅质结合(围棋子)

【点位 5】棺材岩治理点

【点义】灯影组与陡山沱组的地层分界线(图 6-49)

【教学点内容】点南侧为陡山沱组四段炭质页岩、硅质泥岩，点北侧灯影组白云岩。目前陡山沱组岩石已全部被开挖，位于北侧白云岩下可见岩石上有印模构造。因当地居民把炭质页岩误以为煤炭，将下部岩体挖空后形成 14 万 m³ 的采空区，直接形成高约 150 m 的危岩体。危岩体坡度 80° 以上，局部反倾，岩体内发育两组节理，其中一组与坡面近似平行为卸荷裂隙，将岩体切割为柱状。治理工程主要是在采空区外缘浇筑钢筋混凝土支撑墙，采空区内浇筑钢筋混凝土柱对顶板进行支撑，周边边邦及保安矿柱采用混凝土喷护，底部辅以地表排水沟。现场观察临空区危岩体主要依靠其岩体的自稳能力，仍具有一定不稳定性。

图 6-49　灯影组与陡山沱组地层界线

图 6-50　棺材岩危岩体混凝土墙支撑

点位处往东 30 m 灯影组第一段见帐篷构造、盐丘构造和软沉积变形构造。

帐篷构造是一种发育于潮坪，盐湖边缘背斜状构造，常呈尖顶褶皱形态，类似印第安人的帐篷，与上下岩层不和谐，现代常见于阿拉伯的萨布哈潮坪环境和南澳大利亚的滨岸潟湖潮坪环境中。成因是碳酸盐沉积后水体变浅，在陆上暴露、蒸发，干缩而使其原始沉积层发生弯曲、破裂，并向上突起，当沉积物表面发育藻纹层，由于后者对沉积物起黏结和固着作用，可使碳酸盐沉积在变形过程中，形成较大弧度的隆起，形成倒"V 字形"变形构造。

盐丘：是由于盐岩和石膏向上流动并挤入围岩，使上覆岩层发生拱曲隆起而形成的一种构造。它是一种具有重要意义的底辟构造。成因：盐类沉积物具有低密度，高塑性、低黏度特征，它们在浮力、上覆岩石压力或构造挤压应力作用下，会向上蠕动或流动，顶起或刺穿

图 6-51　危岩体临空部底可见印模构造

上覆岩层，使其发生上拱变形，形成盐丘构造。

　　灯影组盐丘构造软沉积变形构造，是沉积物在沉积过程中或尚未固结成岩时，发生的变形构造或尚未固结成岩时发生的变形构造，常局限于某一层位或岩层中，而其上下岩层不见变形，常见的软沉积变形现象包括卷曲层理，压模、滑塌断层、滑塌褶皱，碟状构造、砂岩墙等等。成因：负荷压实作用、地震、重力滑塌和滑移作用，孔隙压力效应和水体扰动作用等，导致未固结的沉积岩层发生变形而成。

　　【点位 6】棺材岩左下角路边

　　【点义】观察岩溶角砾岩、石幔(图 6-52)

(a)

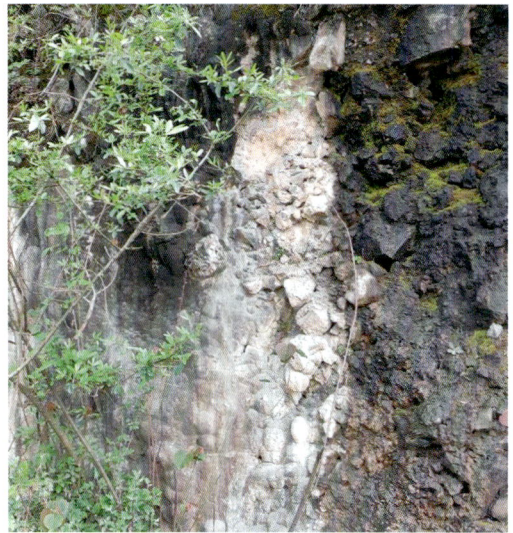

(b)

图 6 -52　石幔与岩溶角砾岩

(a)石幔；(b)岩溶角砾岩

【教学点内容】岩溶角砾岩为发育在灰岩地区由溶洞崩塌或岩溶水搬运堆积而成的一类岩石。其分布局限，角砾成分单一，属原生沉积，角砾分选极差、磨圆极差。

石幔是地下水沿洞壁渗出，形成的帷幕状的沉淀物。

从点位6往上走，沿途为有岩溶洼地，因洼地内岩溶漏斗多覆盖第四系沉积物，土壤肥沃，附近村民多于此种植农作物，导致不易观察到岩溶洼地、漏斗及落水洞等岩溶现象。

【点位7】和尚洞

【点义】岩溶发育调查：地层分布及形成顺序(图6-53)

【教学点内容】介绍岩溶形成条件(溶蚀性水、可溶蚀性岩石、水循环交替)及岩溶的相关知识，随后观察洞穴形态，并介绍岩溶相关工程地质问题：地基稳定、岩溶边坡稳定及岩溶渗漏等。和尚洞洞口近似为三角形，洞口宽23 m，高40 m，洞内最大宽度和高度为29 m和50 m，溶洞纵深为52 m，最里有一落水洞，溶洞两侧岩层主要为灯影组白云岩，多见刀砍纹，发育X形节理。绘制洞口平面图及任选剖面绘制剖面图。

图6-53　和尚洞

【思考题】

(1)危岩稳定性影响因素有哪些？

(2)岩溶的形成条件有哪些？

(3)岩溶相关的工程地质问题有哪些？

6.3.2　路线16　泗溪岩溶及水文地质调查

【知识点】岩溶水、泉水、瀑布

1. 教学路线

基地→鱼泉洞→迷宫泉→五叠水瀑布→基地。

2.教学任务

(1)鱼泉洞泉调查。

(2)迷宫泉调查

(3)五叠水瀑布调查。

【点位1】鱼泉洞口

【点义】泉调查

【教学点内容】①观测鱼泉洞泉的发育特征(位置、水文特征、水的物理性质和化学性质等);②观测鱼泉洞泉的发育条件(自然地理条件、地质环境条件等);③绘制鱼泉洞泉的平面图、剖面图,分析其形成原因;④填写泉点调查表(附表)。

鱼泉洞口处于天河板组和石龙洞组的分界点,点北侧为天河板组的薄层泥质条带灰岩,点南侧为石龙洞组微晶白云岩。天河板组的薄层泥质条带灰岩相对于石龙洞组微晶白云岩的透水性为区域相对隔水岩层,使得该处地下水运动受阻,成为地下水的排泄带,进而促使该处岩溶发育成洞。

图6-54　碳酸盐岩溶现象

【点位2】迷宫泉泉口

【点义】岩溶水调查

【教学点内容】①观测迷宫泉的发育特征(位置、水文特征、水的物理性质和化学性质等);②调查迷宫泉的发育条件(自然地理条件、地质环境条件等);③绘制迷宫泉的平面图、剖面图,分析其形成原因;④填写岩溶水点综合调查表。

【点位3】五叠水瀑布

【点义】水文调查

【教学点内容】①观测五叠水瀑布的发育特征(位置、水文特征、水的物理性质和化学性质等);②调查五叠水瀑布的发育条件(自然地理条件、地质环境条件等);③绘制五叠水瀑布的平面图、剖面图,分析其形成原因;④填写岩溶水点综合调查表;⑤了解景区内崩塌、落石防护措施。

图6-54为五叠水瀑布山体路边的岩溶现象。图6-55为五叠水瀑布、景区崩塌柔性网,图6-56为五叠水景区落石防护网。

图 6-55 五叠水瀑布、景区崩塌柔性网

图 6-56 五叠水景区落石防护网

【思考题】

（1）五叠水瀑布形成条件有哪些？

（2）地下水出露、排泄形式有哪些？

第 7 章

专题实践——实测地质剖面、柱状图绘制

7.1 实测地层剖面的目的和要求

实测剖面的目的是为了了解地层的层序，包括岩性、化石、时代、环境等，确定填图单位，然后制作地层剖面图和柱状图。

要求我们查明以下信息：①岩性；②层和组的划分，地层厚度；③接触关系；④地层的时代；⑤形成环境的分析。野外观察描述，需要采集岩石标本，然后要室内鉴定分析测试。

7.2 实测地层剖面工具

(1)测量工具：50 m 皮卷尺、地质罗盘。

(2)测量记录：使用实测剖面记录表。

(3)投影计算：使用自编剖面投影 Excel 表计算程序。

(4)图件绘制：利用 A3 方格纸手绘。

野外实测地质剖面工作是地质工作者野外重要的工作之一，在实际工作中，因实测对象和需要解决的问题不同，实测地质剖面性质可分为实测地层剖面、实测岩(矿)体剖面、实测构造剖面等。

7.3 实测地层剖面线的选择

地层剖面是地层学研究的基础，通过实测剖面可以准确地建立地层层序，确定岩石地层、生物地层、磁性地层和生态地层的地层单位。此外，沉积相和古地理的研究、古生态和古地理的研究都是从实测剖面入手的。

实测剖面之前必须对研究区进行野外踏勘，选择实测剖面线。选择剖面线的一般要求是：①剖面线距离短而地层出露齐全；②地质构造简单，尽量选择未遭受褶皱、断层和侵入体破坏而发生地层重复或缺失的剖面；③所测地层单位的顶面和底面出露良好，接触关系滑楚；④化石丰富，保存完整，有利于生物地层工作。

除上述一般要求之外，还需要注意以下几个方面。

(1)剖面地层露头的连续性良好，为此应充分利用沟谷的自然切面和人工采掘的坑穴、

沟渠、铁路和公路两侧的崖壁等，作为剖面线通过的位置。

（2）实测剖面的方向应基本垂直于地层走向，一般情况下两者之间的夹角不宜小于 60°。

（3）当露头不连续时，应布置一些短剖面加以拼接，但需注意层位拼接的准确性，以防止重复和遗漏层位，最好是确定明显的标志层作为拼接剖面的依据。

（4）如剖面线上某些地段有浮土掩盖，且在两侧一定的范围内找不到作为拼接对比的标志层，难以用短剖面拼接时，应考虑使用探槽或剥土予以揭露。

（5）剖面线经过地带较平缓，剖面线拐折少。

（6）实测剖面的数量应根据工作区地层复杂程度、厚度及其变化情况、课题需要及前人研究程度等因素综合考虑而定。一般各地层单位及不同相带，至少应有 1~2 条代表性的实测剖面控制。

（7）实测剖面的比例尺按研究程度确定，一般以 1∶1000 到 1∶2000 为宜，出露宽 1~2 m 的岩层都应画在剖面图上。有特殊意义的标志层或矿层，出露宽度不足 1 m 的也应放大表示到剖面图上。

（8）为了便于消除误差，剖面起点、终点及剖面中的地质界线点都应标定在实际材料图上。

7.4 实测地层剖面的野外工作

7.4.1 信手地层剖面的测制

为使实测地层剖面选择和地层分层准确以提高工作效率，在开展实测地层剖面之前，一般应先进行待测地层的路线地质踏勘，并测制地层信手剖面。主要目的是了解岩层的分层厚度、岩性组合规律、所产化石、地层接触关系、标志层等。

7.4.2 地形及导线测量

测量导线方位、导线斜距和地面坡度角，工作由前、后测手两人完成。一般用地质罗盘测量导线方位和坡角，读数相差超过 3° 时应重测，读数相近则采用平均值记入记录中。

实测剖面必须取得以下数据，并记入实测地层剖面登记表中（表 7-1）。

表 7-1　实测地层剖面登记表

导线编号	导线方位	导线距			高差		岩层产状				导线与岩层走向间夹角	分层		真厚度			岩性描述		样品	
		斜距 (L)	水平距 (M)	累计	分段 (H)	累计	斜距	水平距	倾向	倾角		室外	室内	分段	分层	累计	分层		斜距	编号
															斜距	水平距	分层描述			

（1）导线号。以剖面起点为 0，第一测绳终点为 1，表内记为，0—1；第二测绳为 1—2，

依此类推。

（2）导线方位（φ）。指前进方向的方位角。

（3）导线斜距（L）。每一测段的距离。

（4）分层斜距（l）。同一测线上各地层单位的斜距，分层斜距之和等于导线斜距。

（5）坡角（$\pm\alpha_1$）。测段首尾之间地面的坡角，以导线前进方向为准，仰角为正，俯角为负。

（6）岩层产状。测量岩层倾向和倾角（α），应记下所测产状在导线上的位置。

（7）分层号。从剖面起点开始按划分的地层单位顺次编号。

（8）地质点位置。记录剖面中各地质点在导线上的位置。

7.4.3　地层分层、观察、描述和记录

地层分层、观察和描述是实测剖面的重要工作，分层的基本原则如下。

（1）按地层剖面比例尺的精度要求，分层厚度在图上大于 1 mm 的单层。

（2）岩石成分有显著的不同。

（3）岩性组合有显著的不同。

（4）岩石的结构和构造有明显的不同。

（5）岩石的颜色不同。

（6）岩性相似但上、下层含不同的化石种属。

（7）岩性不同，但厚度不大的岩层旋回性地重复出现，可将每个旋回单独作为一个旋回层分出。

（8）岩性相对特殊的标志层、化石层、矿层及其他分布较广、在地层划分和对比中有普遍意义的薄层，应该单独分层。如果其在剖面上的厚度小于 1 mm，可以按 1 mm 表示。

（9）重要的接触关系，如平行不整合、角度不整合或重要层序地层界面处可分层。在地层分层过程中，根据地层观察和描述方法，描述各导线内各层的岩石学和古生物学特征，并记录在记录表中。

7.4.4　绘制地层剖面草图

在实测剖面时，必须现场绘制导线平面草图和地层剖面草图，将导线号、地质点、岩层产状、标本、样品和化石采集地点的编号及剖面线经过的村庄、地物的名称标注在草图上，以供室内整理时参考。

7.4.5　样品的采集

应逐层采集岩矿、化石标本，还要根据需要采集岩石化学分析或光谱分析样品、人工重砂样品、同位素年龄样品或古地磁样品。标本和样品应该按规定系统编号，并在记录表和剖面草图上标记滑楚。

7.4.6　描述

对剖面上的重要地质现象，如接触关系、沉积构造、基本层序及古生物化石等应照相和素描，并根据其在剖面的位置记录在记录表中和标注在剖面草图上。

7.5　测剖面的小组成员分工

根据小组成员的个人情况合理地进行分工。实测地层剖面工作以各个小组为单位独立完成，根据工作性质小组成员可分为前测手、后测手、分层员、记录员、标本采集、产状测量员、疏导及联络员。小组各成员职责如下。

（1）前测手。拿着测绳，尽量沿着垂直地层的走向方向，选择通行条件较好的路线边行进边放测绳，在地形的突变处停止行进，作为本分导线的止点（做上记号），并拉直测绳，读取测绳上止点的度数，该读数为分导线的斜距（分导线的长度 L）。测量分导线的方位（读罗盘的南针，俯视为正、仰视为负），所读数据告知联络员。当本分导线所有工作完成后前测手再进行下一个分导线的测量工作。

（2）后测手。拿着测绳的起点处（0 m 处），当前测手停止行进后，拉直测绳，测量分导线的方位（读罗盘的北针，俯视为负，仰视为正），所读致据告知联络员。当本分导线所有工作完成后，至前测手站立处（做记号处）进行下一个分导线的测量工作。

（3）分层员。负责地层的分层工作，分层的原则主要依据某组地层的岩性特征、岩性组合特征等，对其进行进一步的划分。分层的编号按 0，1，2，... 依次进行。例如下南华统莲沱组（Nh_1l）可分为 10 个分层，编号 1、2、...、9、10，下伏的黄陵岩体分层编号为 0 层，上覆的上南华统南沱组（Nh_1n）底部岩层则为 11 层。

分层员要向记录员告知各个分层在分导线上的读数与基本岩性，当分导线处的岩层界线出露不好时，可将分导线两侧的分层界线按岩层的走向投影到分导线上，或延伸分层的层面，当延伸后的层面与分导线相交后，再读取该点的读数，此读数即为分层在分导线上的投影位置。

分层员在向记录员告知分层位置与分层的岩性后，必须在野外记录簿上详细描述各分层的岩性特征以及接触关系等。

（4）记录员。记录员主要记录实测地层剖面中的各种数据，因此该项工作必须仔细认真，不能出现任何差错，否则将导致小组实测工作返工。所有数据按要求填写到《实测剖面计算表》的相应栏目中。在必要的地方进行拍照，保存照片。

（5）标本采集及产状测量员。负责各分层标本的采集工作，标本应采集各分层具有代表性的岩性层，大小符合相关要求（厚 3 cm×宽 6 cm×长 9 cm），标本的编号从记录员获取，同时向记录员告知所采标本在分导线上的投影位置。测量每一个分层的岩层产状，如果某分层的厚度较大，则适当增加产状测量的次数，将所测得的产状数值与产状测量处在分导线上的投影位置告知记录员。标本采集与产状测量点在分导线上的投影原则与记录员相同。

（6）联络员。负责测绳的疏导与前、后两测手的联络工作。在进行地层剖面实测过程中，测绳常常被荆棘、树枝等缠绕，这时疏导人员必须及时疏导测绳，保证测量工作的顺利进行。另外，当前、后两测手就位并拉直测绳后，由于相隔距离较远，或者周围环境嘈杂，此时联络员应站在前、后两测手中间，听取两测手的导线测量读数，再平均两测手的测量读数，最后告知记录员记录。当两测手的测量读数误差超过 3°时必须要求他们重新测量。

在各成员进行野外实际工作时，应充分了解各自的工作职责，尤其是前、后测手，应挑选两个相互调校的罗盘，以保证实测地层剖面工作中导线测量数据的一致性。

在正式进行野外实测地层剖面工作前，每个小组必须先在实习站内或附近的空地上做模拟练习，通过老师的指导，使小组各成员熟悉与掌握各自的工作环节与要求，提高小组内各成员的相互配合能力，为野外实测工作打下良好的基础。

7.6　地层剖面的室内整理

室内工作包括野外资料数据的整理与换算、导线平面图和地层实测剖面图的制作 3 个方面。

7.6.1　原始资料的整理

在本阶段，小组成员应认真核对剖面登记表和实测剖面草图，使各项资料完整、准确、一致，并将登记表中数据及剖面草图上墨。如果出现错误或遗漏，应立即设法更正和补充。

此外还应将登记表上各空项通过计算逐一填全。

导线平距：

$$M = L \times \cos\alpha_1$$

分段高差：

$$H = L \times \sin\alpha_1$$

累计高程为剖面起点高程加各分段高程之代数和。

导线与岩层倾向夹角为导线方位角与岩层倾向的方位角之锐夹角，是计算岩层厚度的一个参数。

7.6.2　厚度的计算

岩层厚度是指岩层顶、底面之间的垂直距离，即岩层的真厚度。其计算方法有公式计算法、查表法、图解法和赤平投影法。下面仅介绍常用的公式计算法。

倾斜岩层厚度(h)计算方法有下列几种情况。

(1)导线方位与岩层倾向基本一致(二者夹角小于 8°)时，若地面近于水平($\alpha_1 < 6°$)，则：

$$h = L \times \sin\alpha$$

式中：α 为岩层倾角。

若地面倾斜，则：

$$h = \sin(\alpha \pm \alpha_1)$$

式中：地面坡向与岩层倾向相反时为 $\alpha + \alpha_1$，相同时为 $\alpha - \alpha_1$，但取其绝对值。

(2)导线方位与岩层倾向斜交时，若地面倾斜与岩层倾向相反，则：

$$h = L(\sin\alpha \times \cos\alpha_1 \times \sin\beta + \sin\alpha_1 \times \cos\alpha)$$

式中：β 为导线方向与岩层走向之锐夹角。

若地面倾斜与岩层倾向相同，则：

$$h = L|\sin\alpha \times \cos\alpha_1 \times \sin\beta - \sin\alpha_1 \times \cos\alpha|$$

岩层厚度以 m 为单位，一般小数点后取一位数即可。

7.6.3　绘制实测剖面导线平面图和剖面图

(1)总导线方向的确定。一个剖面应是通过一定方向的横切面，这个方向即称总导线方向。但实际丈量是按分导线的方向丈量的，因此应以分导线的方向为依据，求出总导线的方向。总导线方向一般是按顺序将分导线方向、水平距绘制在一张方格纸上，取第一分导线之首与最终分导线之尾的连线作为总导线方向，其方位角可用量角器量出。

（2）导线平面图的制作。以水平线作为总导线的方向，通常以左端为导线北西或南西方位，右端为南东或北东方位，按各分导线的水平距和方位依次画出各分导线。在此基础上标出分导线号、地质点号、地层单位代号（包括分层代号）、岩层产状、地物及地物名称，在地层分界处根据产状画出其走向线段。此外还应在总导线的起点上端画上指向箭头，标上总导线方位。

（3）地层剖面图的制作。在总导线之下适当的位置处用铅笔画水平线作为实测剖面的底线或高程基线，在其两端画线，按比例标上高程，然后依次将各导线点的海拔高程点在方格纸上，参照野外实测剖面图勾绘地形轮廓线。将总导线上的地层分界点垂直投影到地形线上，按地层视倾角画出地层分界线，一般层之间的分界线长 2 cm，段和组的分界线长 2.5～3 cm。再按各地层单位岩性组合，画上规定的岩性花纹符号（岩性花纹长 1 cm）。在地形轮廓线上标上分层号、地质点号、化石采集点、标本和样品编号以及剖面经过的地物名称。在地形轮廓线之下标上地层单位代号（包括地层层号）、岩层产状。在图的上方写上图名、比例尺（水平线段比例尺或数字比例尺），在图的下方画上图例、填好责任表，最后着墨清绘即完成了实测地层剖面图的制作。

7.7　实测综合柱状图

7.7.1　综合柱状图内容与要求

实测综合柱状图包含以下几个内容。

（1）比例尺；

（2）图名及编号；

（3）内容：①年代地层单位，年代地层单位，从大到小，界系统；②岩石地层单位，就是群组段，除此之外，还包含岩性代号；③岩性柱，厚度，岩性描述、沉积构造、生物化石、沉积环境等；④图例，图例中包含沉积构造、岩性花纹；⑤责任表。

实测综合柱状图要求方格纸大小是 30 cm × 47 cm，比例尺要求是 1∶500，文字尽量要均匀，厚度大小，要使用引折线，每层的描述结尾加上与上下层的接触关系。地质年代单位界、系、统，都是按照 10 mm 的宽度；岩性地层单位里面，群或者组按照 20 mm，段按照 15mm，地层代号 15 mm，柱状图 25 mm，厚度 15 mm；岩性描述 150～180 mm，备注 30 mm。需要严格按照规格来设置。

7.7.2　综合柱状图绘制

综合柱状图的绘制，要求地层单位划分要清楚，岩石地层单位和年代地层单位划分要明确，地层代号和地层厚度要求准确，用地层最大的厚度，按照 1∶10000 的比例尺画出地层柱，地层顺序从下至上，由老到新逐层画出地层厚的、大的地层单位。

柱体可以用舒缓的双曲线断开，注意两端不封口，表示厚度省略，地层厚度较小时，柱状图按实际厚度画，但两侧文字说明部分，可以用较陡的斜线向上或者是向下。加高至容纳文字说明，地层柱中岩性花纹按照统一要求来画，顶底不留空格，接触关系用规定的线条表示，并在岩性描述一栏中用中文注明。综合柱状图里面，它的岩性的描述要简化，可分为顶部、上部、中部、下部和底部等，几个部分综合描述，简单写出最主要的岩性。备注栏可以写上古生物化石，或者是矿产情况，然后再写上图名、比例尺及责任表，不用画图例。

第 8 章

专题实践——地质填图

8.1 地质调查基本概念与基本程序

区域地质调查按相关程度要求,通过野外路线地质调查等方法,将地质体的时空分布规律表达在地形图上,形成地质图。不同比例尺的地质图,程度不同,要求不同。地质图的种类包括应用地质图、过渡型地质图以及传统型地质图,包括工程、地球物理、地球化学、矿产生态旅游,通常做的传统型基础地质调查。

在实际填图过程中,为了提高精度,通常用大比例尺地形图作为手图,如填一幅1:1万的地质图,需要1:5000的地形图作为手图,这就需要我们知道不同比例尺地形图之间的换算关系。

区域地质调查的意义:找矿缓解我国资源紧张、工程施工、旅游开发、保护生态环境、促进地质科学发展。

地质调查的基本程序包括以下几项:①立项论证(国家规划);②设计编审(按照国家规范);③野外地质调查与野外验收;④最终成果(图和报告)验收与出版;⑤资料验收与汇交(原始资料、电子资料)。

8.2 地质调查的基本方法

填图区范围,比例尺1:1万精度布置,布设路线间距为400~600 m,间距以不漏填图单位界限为准,滑坡体填图单位为第四系坡积物,大于50 m×100 m的地质体和滑坡体填绘,大于150 m宽的地质体和滑坡体,至少两个地质点控制,产状和性质清楚的小断层,可以只有一个地质点控制。

地质填图主要手段,包括实测剖面调查、路线地质填图、地质调查路线主要记录格式、地质填图的标绘内容及方法。

路线地质填图。野外填图路线一般有两种,一是大致垂直于或横穿填图区的岩层,和构造线的走向布置路线,称为穿越法;二是沿各地质体界限或对其他地质现象进行追索观察,称为追索法。在野外填图过程中,一般以穿越法为主,并辅以追索法,考虑到区域地质填图工作本身就是一个反复认识、实践再到认识的过程,从野外客观实际出发,按在野外工作不同阶段,布设填图路线的不同目的。

野外地质观测路线分为三种，一种是踏勘路线，一种是系统观测路线，一种是检查路线。

系统观测路线，是按照设计要求，对全区系统布设的全面填图的路线。用以完成地质图的填制，因此路线的布置必须以全面控制测区，主要地质体和构造形迹的形态和分布规律为目的。路线经过位置应尽量能控制地质体间的一些重要接触关系或重要构造位置，以求能收集到尽可能丰富的资料，因此此类路线应以垂直区域构造线方向的穿越路线为主，适当辅以追索路线。检查路线，填图过程中，有什么新发现和新认识，要向老师汇报，经过老师检查和指导后才能确定。

8.3　地质图内容

一张地质图主要包括图名、图幅代号、比例尺、主图、综合柱状图、图例、图切地质剖面图、接图表以及责任表等部分内容，有的图还附有构造纲要图和构造演化图。

（1）图名，表示图幅所在的地区和图的类型，采用主要城镇、居民点或主要山岭命名，如果比例尺比较大，图幅面积小，地名不为人所知，在地图上要写明省、区、市或县名，如北京市门头沟区地质图。本次图名，宜昌市雾河地区地质图，区调填图一般地质图图名已经给出，无须重新命名。

（2）图幅代号，以国际分幅为单位。

（3）比例尺，包括数字比例尺和线条比例尺。数字比例尺位于图名的正下方，线条比例尺位于地形地质图的正下方。

（4）接图表和责任表，包括编图单位或人员，编图日期及资料来源等，该内容一般标注在图框外四个角上。

（5）主图，即地质图图框内的地质内容。图中包括等高线、地名、山系、水系、地质界线、产状符号等。

（6）图切地质剖面图，包括实测剖面图、信手剖面图，一般放在主图的正下方。

（7）综合地层柱状图，一般放置在主图左方，是反映图区内各时代地层组成、岩性特征和接触关系的图件。

（8）图例，图例大小为 8 mm × 12 mm，主图右侧数列摆放。排列的顺序是：地层—侵入岩—脉岩—地质符号—岩性花纹等用规定的颜色和符号表明地层、岩体时代和性质。地层代号：时代加填图单位。岩性代号：岩性加时代。图例与地质图标志吻合。

8.4　地质界线的标绘

地质界线，包括正式或非正式地层的填图单位界线，按规定标注不同类型界线。具体有侵入岩、脉岩与围岩的接触界线、变质相带界线、蚀变、岩相、岩石相带界线、火山岩岩相界线、断层界线、标志层等。编制地质界线，是绘制地质图的重点和难点。为了理解所讲内容，复习以下地质界面露头形式的基本知识。地质界面的露头形式，地质界线的出露情况，取决于地质体的形状、产状，以及地表面的起伏形态，在几何学上，这是地质界面与地表面两个不同形状，以不同方式的截切关系的问题。

（1）水平岩层的露头形式，地面起伏，包括山脊和沟谷等地面不规则曲面，地质界线与等高线平行或重合。

（2）直立岩层的露头形式，直立岩层的地质界线不受地形影响，沿走向延伸。

（3）倾斜岩层，界面倾斜的露头形式比较复杂，其地质界线表现为以某种规律与地形等高线相交切的曲线。由于地质界线通过山谷或山脊时，其平面投影均呈 V 字形，V 字形尖端的指向反映了界面产状与地形的关系，故称为 V 字形法则。

地质界线的标绘应在现场据其出露情况直接填绘在地形图上。采用的方法是以观察点为基点，测量地质体产状后。根据 V 字形法则将地质界线沿地层走向向两侧延伸 1/2 线距。若在露头好且视野开阔的地段，除由观察点控制的一段地质界线外，还可选择地质构造转折部位、地质界线通过山脊及沟谷的位置等处，按目测标定观察点的方法遥测一些辅助控制点，然后根据 V 字形法则将整段地质界线连绘出来。

合理运用 V 字形法则，在编图过程中往往忽视 V 字形法则应用，人为造成图面表达不合理。相反相同地质界线从沟谷到山梁切割较高等高线。相同相同地质界线从沟谷到山梁切割较低等高线。

此外应遵循新切老准则。地质体形成的先后顺序，必须反映在地质界线的变切关系上，这一准则的表现是：除了整合接触的地质界线在图上互不交切外，其他地质界线都要遵循新地质界线要截切老界线的原则。为了表达地质界线新切老的关系，反映地质体形成顺序，应该先画新地层，后画老地层地质界线。

8.5 地形地质图编绘

地形地质图的编绘是一项细致而复杂的工作，它是以野外填图工作过程中收集或观测的各种地质资料为基础，经后期综合整理后绘制的综合图件，其编绘步骤如下。

1. 实际材料图的绘制

实际材料图是编绘地形地质图的基础，在野外地质填图过程中，将观测到的地质现象按规定标注在地形图上，例如地层界线、断层线、产状符号等。通过勾绘不同观察路线同一地质界线的连线，在地形图上逐步完成相关地质界线、产状等的勾绘与标注。完成后的图件称为实际材料图。

2. 绘制地形地质底图

在实际材料图上，按照地形地质图的要求，对部分内容或数据进行整理、筛选，经修改后的实际材料图即为地形地质底图。

3. 地形地质图组成要素的确定

在绘制地形地质图前，应预先确定图名、比例尺、图例等，并按规定布置好各组成要素的放置位置。

4. 地形地质图绘制步骤

在布置好的图纸上依次绘制图名、比例尺、地形地质底图、综合地层柱状图、测区地层（构造）剖面图、图例、责任表等。

只有包含上述内容后的图件，才能称其为地形地质图。

第 9 章

实习报告编写要求

9.1 资料整理要求

9.1.1 图、表及文字资料整理

实习中获取的图、表、文字、实物等资料要求在当天完成整理。包括：资料校对，观察点记录表整理，手图整理，编制实际材料图。文字报告要求采用黑色水笔手写，报告用纸采用学校统一纸张。

9.1.2 实际材料图

实际材料图应在野外实习过程中逐步完成。及时将手图上的地貌、地质、工程地质点、线路、产状、工程、地质界线、等位置、编号、代号绘制到清图上，最终构成实际材料图。

9.1.3 图件绘制

(1)野外素描图先绘在野外记录本上，并及时转绘到方格纸上。
(2)按各工程地质要素的纵横坐标展绘，剖面图、导线图绘制在米格纸上。
(3)插图及附图均使用 2H 铅笔绘制。

9.2 实习报告编写要求

(1)实习报告编写提纲
封面
扉页
绪论
第一章 自然地理
第二章 区域地质背景
第三章 基础地质
第四章 工程地质
第五章 水文地质

第六章 环境地质

第七章 专题研究

第八章 结论与建议

结束语(含致谢)

参考文献

(2)附录

①平面地形地质图

②实测剖面图

9.3　提交成果

提交成果包括：实习报告及其附件，野外记录本，实习日记(包括个人鉴定总结)。

附录 1

附表 1　地质环境野外调查记录表

<table>
<tr><td rowspan="3">名称</td><td rowspan="3"></td><td rowspan="3">地理位置</td><td colspan="5">省　　　县　　　乡（镇）　　　村　　　组</td></tr>
<tr><td>野外编号</td><td>经度</td><td>°　　′　　″</td><td>X：</td><td></td><td>高程/m</td></tr>
<tr><td>统一编号</td><td>纬度</td><td>°　　′　　″</td><td>Y：</td><td></td><td></td></tr>
<tr><td colspan="2">地质环境点类型</td><td colspan="6">□地貌点　　□地质点　　□水文点　　□居民点　　□工程点　　□其他：</td></tr>
</table>

地形地貌

<table>
<tr><td rowspan="3">地貌</td><td colspan="2">地貌形态</td><td>地貌类型</td><td>微地貌类型</td></tr>
<tr><td colspan="2">□分水岭　□山脊　□山峰　□斜坡
□悬崖　□河谷　□阶地　□冲沟
□洪积扇　□残丘　□洼地</td><td>□山地
□丘陵
□平原</td><td>□陡崖　□陡坡
□缓坡　□平台</td></tr>
<tr><td>植被</td><td>植被类型
□农作物　□草地　□灌木　□森林</td><td>流域</td><td>覆盖率/%</td></tr>
<tr><td colspan="4">野外记录信息</td></tr>
</table>

地层岩性

<table>
<tr><td>时代</td><td>岩性</td><td>产状</td><td>岩石颜色</td><td>岩层厚度/m</td><td>特殊夹层</td><td>岩层接触关系</td><td>层理类型</td><td>沉积环境</td><td>风化程度</td><td>节理裂隙发育程度</td></tr>
<tr><td></td><td></td><td>∠___</td><td></td><td></td><td></td><td>□整合
□平行不整合
□角度不整合
□假角度不整合</td><td>□斜层理
□水平层理
□波状层理
□块状层理</td><td></td><td>□未风化
□微风化
□中等风化
□强风化
□全风化</td><td>□不发育
□较发育
□发育
□很发育</td></tr>
<tr><td></td><td></td><td>∠___</td><td></td><td></td><td></td><td></td><td></td><td></td><td></td><td></td></tr>
<tr><td></td><td></td><td>∠___</td><td></td><td></td><td></td><td></td><td></td><td></td><td></td><td></td></tr>
<tr><td colspan="11" align="center">节理裂隙统计</td></tr>
<tr><td>产状</td><td>长度/m</td><td>宽度/m</td><td colspan="2">起伏状态</td><td colspan="2">填充物</td><td colspan="2">节理面粗糙度</td><td>节理两侧位移</td><td>交切关系</td></tr>
<tr><td>∠___</td><td></td><td></td><td colspan="2">□平直
□波状
□锯齿状
□不规则</td><td colspan="2"></td><td colspan="2">□极粗糙　□粗糙
□一般　□光滑
□镜面</td><td></td><td>□错开
□限制
□互切</td></tr>
<tr><td>∠___</td><td></td><td></td><td colspan="2"></td><td colspan="2"></td><td colspan="2"></td><td></td><td></td></tr>
<tr><td>∠___</td><td></td><td></td><td colspan="2"></td><td colspan="2"></td><td colspan="2"></td><td></td><td></td></tr>
<tr><td>∠___</td><td></td><td></td><td colspan="2"></td><td colspan="2"></td><td colspan="2"></td><td></td><td></td></tr>
<tr><td colspan="11">野外记录信息</td></tr>
</table>

续附表1

<table>
<tr><td rowspan="10">地质构造</td><td rowspan="2">褶皱</td><td rowspan="2">□是
□否</td><td>类型</td><td>岩层序次</td><td>形态规模</td><td colspan="2">产状</td><td>对称性</td><td>所属构造体系</td></tr>
<tr><td></td><td></td><td></td><td>左翼</td><td>右翼</td><td></td><td></td></tr>
<tr><td></td><td></td><td>□向斜
□背斜</td><td>□正常
□倒转</td><td></td><td>∠____</td><td>∠____</td><td>□对称
□不对称</td><td></td></tr>
<tr><td rowspan="3">断裂</td><td rowspan="3">□是
□否</td><td>类型</td><td>岩层序次</td><td>规模/m³</td><td colspan="3">产状</td><td>宽度/m</td><td>填充物质</td><td>胶结程度</td></tr>
<tr><td></td><td></td><td></td><td>上盘</td><td>下盘</td><td>断层面</td><td></td><td></td><td></td></tr>
<tr><td>□正断层
□逆断层
□平移断层</td><td>□正常
□倒转</td><td></td><td>∠____</td><td>∠____</td><td>∠____</td><td></td><td></td><td>□紧密
□中等
□松散</td></tr>
<tr><td rowspan="3">新构造运动</td><td rowspan="3">□是
□否</td><td>运动性质</td><td>强度</td><td>趋向</td><td colspan="3">构造裂隙</td></tr>
<tr><td></td><td></td><td></td><td>产状</td><td>性质</td><td>填充性</td></tr>
<tr><td>□上升
□沉降
□稳定</td><td>□强烈
□中等
□微弱</td><td>□增强
□减弱
□稳定</td><td>∠____</td><td>□张性
□剪性</td><td></td></tr>
<tr><td colspan="2">野外记录信息</td><td colspan="8"></td></tr>
</table>

<table>
<tr><td rowspan="4">水文地质</td><td rowspan="2" colspan="2">地下水类型</td><td colspan="4">径流条件</td></tr>
<tr><td>丰水位/m</td><td>枯水位/m</td><td>季节变化</td><td>补给类型</td></tr>
<tr><td colspan="2">□孔隙水　□潜水
□裂隙水　□承压水
□岩溶水　□上层滞水</td><td></td><td></td><td>□有
□无</td><td>□降雨　□地表水
□人工　□融雪</td></tr>
<tr><td rowspan="2">露头</td><td colspan="3">民井</td><td colspan="3">天然露头</td></tr>
<tr><td>埋深/m</td><td>水量/(m³·s⁻¹)</td><td>水位/m</td><td colspan="3">□上升泉　□下降泉　□溢水点</td></tr>
</table>

野外记录信息

<table>
<tr><td rowspan="3">岩土体工程地质</td><td colspan="2">易滑易崩地层（□有　□无）</td><td colspan="2">控滑、控崩结构面（□有　□无）</td></tr>
<tr><td colspan="2"></td><td>分布</td><td>类型</td></tr>
<tr><td colspan="4">野外记录信息</td></tr>
</table>

<table>
<tr><td rowspan="5">环境地质问题</td><td colspan="4">地裂缝（□有　□无）</td><td colspan="2">地面沉降（□有　□无）</td></tr>
<tr><td>宽度/m</td><td>长度/m</td><td>深度/m</td><td>走向/(°)</td><td>相对位移量/m</td><td>沉降面积/m²</td></tr>
<tr><td colspan="2">土壤盐渍化(□有　□无)</td><td colspan="2">沼泽化(□有　□无)</td><td>地方病(□有　□无)</td><td>污染现状(□有　□无)</td></tr>
<tr><td colspan="2">□微弱　□一般　□严重</td><td colspan="2">□微弱　□一般　□严重</td><td>□微弱　□一般　□严重</td><td>□微弱　□一般　□严重</td></tr>
<tr><td colspan="6">野外记录信息</td></tr>
</table>

<table>
<tr><td rowspan="3">人类活动</td><td colspan="2">人类工程活动类型　　（　□有　　□无　）</td><td>人类活动强烈程度</td></tr>
<tr><td colspan="2">□削坡建窑、建房 □水利工程 □输油输气管线 □公路铁路 □农田开发 □其他</td><td>□差 □一般 □中等 □强</td></tr>
<tr><td colspan="3">野外记录信息</td></tr>
</table>

<table>
<tr><td>照片记录</td><td></td><td>录像记录</td><td></td></tr>
<tr><td colspan="2">点间沿途描述</td><td colspan="2">主要现象素描</td></tr>
<tr><td colspan="2"></td><td colspan="2"></td></tr>
</table>

调查负责人：　　　　填表人：　　　　审核人：　　　　填表日期：　年　　月　　日

附表 2 滑坡野外调查表

<table>
<tr><td rowspan="3">名称</td><td colspan="4"></td><td colspan="3">省　　　县　　　乡(镇)　　　村　　　组</td></tr>
<tr><td rowspan="3">野外
编号</td><td rowspan="3"></td><td rowspan="5">滑坡时间</td><td>□古滑坡</td><td rowspan="5">地理位置</td><td>经度</td><td>。　　′　　″</td><td rowspan="3">标高
/m</td><td>坡顶</td></tr>
<tr><td rowspan="2">□老滑坡
□现代滑坡</td></tr>
<tr><td>纬度</td><td>。　　′　　″</td><td>坡脚</td></tr>
<tr><td rowspan="2">统一
编号</td><td rowspan="2"></td></tr>
<tr></tr>
<tr><td>县市
编号</td><td></td><td></td><td>年　　　月
日　时　分</td><td>X:</td><td></td><td>Y:</td><td></td><td></td></tr>
</table>

<table>
<tr><td>滑坡类型</td><td colspan="3">□推移式滑坡　　□牵引式滑坡　　□复合式滑坡</td><td>滑体性质</td><td colspan="3">□岩质　　□碎块石　　□土质</td></tr>
</table>

<table>
<tr><td rowspan="3">地质环境</td><td colspan="3">下覆基岩地层岩性</td><td colspan="2">地质构造</td><td>微地貌</td><td>地下水类型</td></tr>
<tr><td>岩性</td><td>时代</td><td>产状</td><td>构造部位</td><td>地震烈度</td><td rowspan="2">□陡崖　□陡坡
□缓坡　□平台</td><td rowspan="2">□孔隙水　　□潜水
□裂隙水　　□承压水
□岩溶水　　□上层滞水</td></tr>
<tr><td></td><td></td><td>∠_____</td><td></td><td></td></tr>
</table>

<table>
<tr><td rowspan="2">自然地理环境</td><td colspan="2">降水量/mm</td><td></td><td colspan="3">水　　　文</td></tr>
<tr><td>年均　　　日最大　　　时最大</td><td></td><td>洪水位/m</td><td>枯水位/m</td><td colspan="2">滑坡相对河流位置
□左岸　□右岸　　□凹岸　□凸岸</td></tr>
</table>

<table>
<tr><td rowspan="8">滑坡环境</td><td rowspan="8">原始斜坡</td><td>坡高/m</td><td>坡度/(°)</td><td>斜坡结构类型</td><td colspan="2">控滑结构面</td><td></td></tr>
<tr><td></td><td></td><td rowspan="2">□土质斜坡
□碎屑岩斜坡</td><td></td><td></td><td>∠_____</td></tr>
<tr><td rowspan="6">坡形

□凹形　□凸形
□平直　□阶状</td><td rowspan="6"></td></tr>
<tr><td>□碳酸盐岩斜坡</td><td rowspan="6">类型</td><td rowspan="6">□层理面
□片理或劈理面
□节理裂隙面
□覆盖层与基岩接触面
□层内错动带
□断层
□构造错动带
□老滑面</td><td rowspan="6">产状</td><td>∠_____</td></tr>
<tr><td>□结晶岩斜坡</td><td></td></tr>
<tr><td>□变质岩斜坡</td><td></td></tr>
<tr><td>□平缓层状斜坡
□顺向斜坡
□横向斜坡
□斜向斜坡
□反向斜坡
□特殊结构斜坡</td><td>∠_____</td></tr>
<tr><td></td><td>∠_____</td></tr>
</table>

续附表2

		长度/m	宽度/m	厚度/m	面积/m²	体积/m³	规模等级		坡度/(°)	坡向/(°)
滑坡基本特征	外形特征						□小型 □中型 □大型 □特大型 □巨型			
		平面形态					剖面形态			
		□半圆 □矩形 □舌形 □不规则					□凸形 □凹形 □直线 □阶梯 □复合			
	结构特征	滑体特征					滑床特征			
		岩性	结构	碎石含量/%	块度/cm		岩性	时代	产状	
			□可辨层次 □零乱		□≤5 □5~10 □10~50 □>50				∠_____	
		滑面及滑带特征								
		形态	埋深/m	倾向/(°)	倾角/(°)	厚度 m	滑带土名称		滑带土性状	
		□线形 □阶形 □弧形 □起伏					□黏土 □含砾黏土 □粉质黏土		□硬塑 □软塑 □可塑 □流塑	
	地下水	埋深/m	地下水露头			补给类型				
			□上升泉 □下降泉 □溢水点			□降雨 □地表水 □人工 □融雪				
	土地使用类型	□旱地 □水田 □草地 □灌木 □森林 □裸露 □建筑 □其他:								

		名称	部位	特征	初现时间
变形活动特征	现今变形迹象	□拉张裂缝			年 月 日
		□剪切裂缝			年 月 日
		□地面隆起			年 月 日
		□地面沉降			年 月 日
		□剥、坠落			年 月 日
		□树木歪斜			年 月 日
		□建筑变形			年 月 日
		□渗冒浑水			年 月 日
	变形活动阶段	□初始蠕变阶段 □加速变形阶段 □剧烈变形阶段 □破坏阶段 □休止阶段			

滑坡成因及稳定性分析	主导因素	□自然因素 □人为因素 □综合因素	
	自然因素	自然诱因	□降雨 □地震 □洪水 □崩塌加载
		地质因素	□节理极度发育 □结构面走向与坡面平行 □结构面倾角小于坡角 □软弱基座 □透水层下伏隔水层 □土体/基岩接触 □破碎风化岩/基岩接触 □强/弱风化层界面
		地貌因素	□斜坡陡峭 □坡脚遭侵蚀 □超载堆积
		物理因素	□风化 □融冻 □胀缩 □累进性破坏 □孔隙水压力高 □洪水冲蚀 □水位陡降陡落 □地震
	人为因素		□削坡过陡 □坡脚开挖 □坡后加载 □蓄水位变化 □森林植被破坏 □爆破振动 □矿山采掘 □渠塘渗漏 □灌溉渗漏 □废水随意排放
	复活诱发因素		□降雨 □地震 □人工加载 □开挖坡脚 □坡脚冲刷 □坡脚浸润 □坡体切割 □风化 □卸荷 □动水压力 □爆破振动
	目前稳定状况	□稳定 □较稳定 □不稳定	发展趋势分析 □稳定 □较稳定 □不稳定

续附表2

		死亡/人	损坏房屋	毁田/亩	毁路/m	毁渠/m	其他危害	直接损失/万元	间接损失/万元
滑坡危害	已造成危害		户　　间						
		灾情等级	□特大型　　□大型　　□中型　　□小型						
		危害对象	□县城 □村镇 □居民点 □学校 □矿山 □工厂 □水库 □电站 □农田 □饮灌渠道 □森林 □公路 □大江大河 □铁路 □输电线路 □通讯设施 □国防设施 □其它：						
	诱发灾害	诱发灾害类型			波及范围			造成损失/万元	
	潜在危害	人数	房屋	农田	公路	水渠	威胁财产	险情等级	
		户　人	间	亩	米	米	万元	□特大型 □大型 □中型 □小型	
		威胁对象	□县城 □村镇 □居民点 □学校 □矿山 □工厂 □水库 □电站 □农田 □饮灌渠道 □森林 □公路 □大江大河 □铁路 □输电线路 □通信设施 □国防设施 □其他：						

监测建议	□定期目视检查　□安装简易监测设施　□地面位移监测　□深部位移监测

防治建议	□群测群防	□县级监测预警　□市级监测预警　□省级监测预警　□国家级监测预警 □交通监测预警
	□专业监测	□县级监测预警　□市级监测预警　□省级监测预警　□国家级监测预警
	□搬迁避让	□部分搬迁避让　□整体搬迁避让
	□工程治理	□裂缝填埋　□地表排水　□地下排水　□削方减载　□坡面防护　□反压坡脚 □支挡　□锚固　□灌浆　□植树种草　□坡改梯　□水改旱　□减少振动 □生物工程
	□应急排危除险	
	□立警示牌	

遥感解译点	□是 □否	勘查点	□是 □否	测绘点	□是 □否	防灾预案	□是 □否	隐患点	□是 □否

照片记录		录像记录	
野外记录信息			

群测人员		电话		村支书、村主任		电话	

滑坡示意图

平面图

剖面图

调查负责人：　　　　填表人：　　　　审核人：　　　　填表日期：　　年　　月　　日

附表 3　崩塌野外调查表

名称					地理位置	省　　　　县　　　　乡（镇）　　　村　　　组						
野外编号		斜坡类型	□自然岩质			坐标	经度	°　′　″		标高/m	坡顶		
统一编号			□人工岩质				纬度	°　′　″			坡脚		
			□自然土质				X:			Y:			
县市编号			□人工土质										
崩塌类型	□倾倒式　□滑移式　□鼓胀式　□拉裂式　□错断式						发生时间	年　　月　　日　　时　　分				

崩塌环境	地质环境	地层岩性			地质构造		微地貌		地下水类型	
		时代	岩性	产状	构造部位	地震烈度	□陡崖　□陡坡		□孔隙水　□潜水	
				∠_____			□缓坡　□平台		□裂隙水　□承压水	
									□岩溶水　□上层滞水	
	地理环境	降雨量/mm			水　文				土地利用	
		年均	最大降雨量		丰水位/m	枯水位/m	斜坡与河流位置		□耕地　□草地	
			日	时					□灌木　□森林	
							□左岸　□右岸　□凹岸　□凸岸		□裸露　□建筑	

危岩体特征	分布高程/m	坡高/m	坡长/m	坡宽/m	厚度/m	体积/m³	规模等级		坡度/(°)	坡向/(°)
							□巨型　□大型			
							□中型　□小型			

危岩体特征	结构特征	岩质	岩体结构				斜坡结构类型	
			结构类型	厚度/m	裂隙组数(组)	块度(长×宽×高)/m		
			□整体块状 □块裂 □碎裂 □散体				□土质斜坡　　□碎屑岩斜坡 □碳酸盐岩斜坡　□结晶岩斜坡 □变质岩斜坡	
			控制面结构				□顺向斜坡　　□平缓层状斜坡 □斜向斜坡　　□横向斜坡 □反向斜坡　　□特殊结构斜坡	
			类型	产状	长度/m	间距/m		
			□片理或劈理面 □节理裂隙面 □层理面	∠_____			全风化带深度/m	卸荷裂缝深度/m
			□覆盖层与基岩接触面 □层内错动带 □构造错动带　□断层	∠_____				
		土质	土的名称及特征				下伏基岩特征		
			名称	密实度	稠度	岩性	时代	产状	埋深/m
				□密 □中 □稍 □松				∠_____	

续附表3

<table>
<tr><td rowspan="13">危岩体特征</td><td rowspan="2">地下水</td><td>埋深/m</td><td colspan="2">露　头</td><td colspan="3">补给类型</td></tr>
<tr><td></td><td colspan="2">□上升泉　□下降泉　□湿地</td><td colspan="3">□降雨　□地表水　□融雪　□人工</td></tr>
<tr><td rowspan="3">变形发育史</td><td colspan="2">形成时间</td><td>年　月　日</td><td colspan="3">发生崩塌次数/次</td></tr>
<tr><td>序号</td><td>发生时间</td><td>规模/m³</td><td>诱发因素</td><td>死亡人数/人</td><td>直接经济损失/万元</td></tr>
<tr><td></td><td></td><td></td><td>□降雨　□开挖　□其他
□河流冲刷　　□地震</td><td></td><td></td></tr>
<tr><td rowspan="9">现今变形破坏迹象</td><td>名称</td><td>部位</td><td colspan="3">特征</td><td>初现时间</td></tr>
<tr><td>□拉张裂缝</td><td></td><td colspan="3"></td><td>年　月　日</td></tr>
<tr><td>□剪切裂缝</td><td></td><td colspan="3"></td><td>年　月　日</td></tr>
<tr><td>□地面隆起</td><td></td><td colspan="3"></td><td>年　月　日</td></tr>
<tr><td>□地面沉降</td><td></td><td colspan="3"></td><td>年　月　日</td></tr>
<tr><td>□剥、坠落</td><td></td><td colspan="3"></td><td>年　月　日</td></tr>
<tr><td>□树木歪斜</td><td></td><td colspan="3"></td><td>年　月　日</td></tr>
<tr><td>□建筑变形</td><td></td><td colspan="3"></td><td>年　月　日</td></tr>
<tr><td colspan="15"></td></tr>
</table>

危岩体特征	现今变形破坏迹象	□冒渗混水			年　月　日
	可能失稳因素	□降雨　□地震　□人工加载　□开挖坡脚　□坡脚冲刷　□坡体切割 □风化　□卸荷　□动水压力　□爆破振动　□坡脚浸润			
	目前稳定程度	□稳定　□较稳定　□不稳定	今后变化趋势	□稳定　□较稳定　□不稳定	

堆积体特征	长度/m	宽度/m	厚度/m	体积/m³	坡度/(°)	坡向/(°)	坡面形态
							□凹　□凸　□直　□阶

堆积体特征	可能失稳因素	□降雨　□地震　□人工加载　□开挖坡脚　□坡脚冲刷　□坡体切割 □风化　□卸荷　□动水压力　□爆破振动　□坡脚浸润
	目前稳定程度	□稳定　□较稳定　□不稳定　　今后变化趋势　□稳定　□较稳定　□不稳定

<table>
<tr><td rowspan="9">崩塌危害</td><td rowspan="3">已造成危害</td><td>死亡/人</td><td>损坏房屋</td><td>毁田//亩</td><td>毁路/m</td><td>毁渠/m</td><td>其他危害</td><td>直接损失/万元</td><td>间接损失/万元</td><td>灾情等级</td></tr>
<tr><td></td><td>户　间</td><td></td><td></td><td></td><td></td><td></td><td></td><td>□特大型　□大型
□中型　□小型</td></tr>
<tr><td>危害对象</td><td colspan="8">□县城　□村镇　□居民点　□学校　□矿山　□工厂　□水库　□电站　□农田　□饮灌渠道　□森林
□公路　□大江大河　□铁路　□输电线路　□通信设施　□国防设施　□其他</td></tr>
<tr><td rowspan="6">潜在危害</td><td>诱发灾害</td><td>类型</td><td colspan="3"></td><td>波及范围</td><td colspan="3">造成损失/万元)</td></tr>
<tr><td>人数</td><td>房屋</td><td>农田</td><td>公路</td><td>水渠</td><td>威胁财产</td><td colspan="2">险情等级</td></tr>
<tr><td>户人</td><td>间</td><td>亩</td><td>米</td><td>米</td><td>万元</td><td colspan="2">□特大型　□大型　□中型
□小型</td></tr>
<tr><td>威胁对象</td><td colspan="8">□县城　　□村镇　　□居民点　　□学校　　□矿山　　□工厂　　□水库　　□电站　　□农田
□饮灌渠道　　□森林　　□公路　　□大江大河　　□铁路　　□输电线路　　□通信设施
□国防设施　　□其他</td></tr>
</table>

续附表3

监测建议	□定期目视检查　□安装简易监测设施　□地面位移监测　□深部位移监测		
防治建议	□群测群防	□县级监测预警 □市级监测预警 □省级监测预警 □国家级监测预警 □交通监测预警	
	□专业监测	□县级监测预警　□市级监测预警　□省级监测预警　□国家级监测预警	
	□搬迁避让	□部分搬迁避让　□整体搬迁避让	
	□工程治理	□裂缝填埋 □地表排水 □地下排水 □削方减载 □坡面防护 □反压坡脚 □支挡 □锚固 □灌浆 □植树种草 □坡改梯 □水改旱 □减少振动 □生物工程	
	□应急排危除险		
	□立警示牌		

遥感解译点	□是 □否	勘查点	□是 □否	测绘点	□是 □否	群测群防点	□是 □否	隐患点	□是 □否
照片记录				录像记录					

野外记录信息	

群测人员		电话		村主任、村支书		电话	

示意图	平面图
	剖面图

调查负责人：　　　　填表人：　　　　审核人：　　　　填表日期：　　年　　月　　日

附表 4 节理统计点记录表

点号				高程	绝对	
					相对	
位置	地理位置			地质时代		
	坐标			层位要素		
节理统计面积/m²				裂隙率%		
节理点所在层位、构造部位及岩性特征：						
小结：					照片编号：	

附表 5 节理特征要素

序号	节理产状要素			节理数量指标				节理特征				
	走向	倾向	倾角	长度/m	宽度/m	条数	面积/m²	裂面特征及性质	充填物性质及充填程度	稳定与发达情况	是否穿层	穿插关系
1												
2												
3												
4												
5												
6												
7												
8												
9												
10												
11												
12												
13												
14												
15												
16												
17												
18												
19												
20												

调查负责人：　　　　填表人：　　　　审核人：　　　　填表日期：　　　年　　月　　日

附表 6 实测剖面记录表

名　称					地理位置	省　　　县(市)　　　乡(镇) 村　　　组					
编　号		剖面编号			起点坐标	E	°　′　″	N	°　′　″	H	m
编　号		剖面总 方向			终点坐标	E	°　′　″	N	°　′　″	H	m

测点 序号	距离/m		方向	地形坡 度/(°)	岩层 产状	岩性特征及工程地质现象	备注
	起~至	间距					

调查单位：　　　　　　　调查负责人：　　　　填表人：

审核人：　　　　　　　　　　　　　　　　　填表日期：　　年　　月　　日

附录 2

地质图例

1. 土的图例

耕植土	素填土	杂填土
黏土	粉质黏土	粉土
粉砂	细砂	中砂
粗砂	砾砂	圆砾
角砾	卵石	碎石
漂石	块石	淤泥
红黏土	泥炭土	淤泥质黏土
淤泥质粉质粘土	淤泥质粉土	

2. 岩石特征成分、结构构造图例

● 砂质	⋮ 凝灰质	↑ 玻基微榄质
●● ●● 粉砂质	┼┼┼┼ 复成分（硬砂质）	⌐ 玄武质
— 泥质	e 生物碎屑	∨ 安山质
∟ 钙质	∧ 超基性	＼∨ 流纹质
Si 硅质	✕ 基性	⋉ 英安质
// 白云质	⊥ 中性	＋ ＋ 等粒（花岗岩为例）
C 炭质	＋ 酸性	＋ ＋ 不等粒
│ 有机质	⊤ 碱性	＋ 斑状
▲ 沥青质	中 似斑状	

3. 碎屑岩

角砾岩　　硅质角砾岩　　粗砾岩

砂质角砾岩　　铁质角砾岩　　中砾岩

泥质角砾岩　　巨砾岩　　细砾岩

钙质角砾岩　　砾岩　　含角砾砾岩

砂质砾岩　　复成分砂岩　　页岩

砂砾岩　　黏土粉砂质砂岩　　砂质页岩

石英砾岩　　泥质砂岩　　粉砂质页岩

石灰砾岩　　钙质砂岩　　钙质页岩

复成分砾岩　　凝灰质砂岩　　硅质页岩

钙质砾岩　　铁质砂岩　　炭质页岩

硅质砾岩　　含铜砂岩　　含炭质页岩

凝灰质砾岩　　含磷砂岩　　凝灰质页岩

铁质砾岩　　含油砂岩　　铁质页岩

冰碛砾岩　　交错层砂岩　　铝土页岩

砂岩　　斜层理砂岩　　含锰页岩

含砾砂岩　　粉砂岩　　含钾页岩

粗砂岩　　　　　含砾粉砂岩　　　　　油页岩

中砂岩　　　　　含砂粉砂岩　　　　　黏土岩（泥岩）

细砂岩　　　　　黏土砂质粉砂岩　　　高岭石黏土岩

石英砂岩　　　　泥质粉砂岩　　　　　水云母黏土岩

长石砂岩　　　　钙质粉砂岩　　　　　蒙脱石黏土岩

长石质砂岩　　　凝灰质粉砂岩　　　　泥晶灰岩（泥状灰岩）

长石石英砂岩　　铁质粉砂岩　　　　　砂质灰岩

碎屑砂岩　　　　含碳质粉砂岩　　　　含泥质灰岩

海绿石砂岩　　　含钾粉砂岩

4.灰岩、白云岩

泥质灰岩	条带状灰岩	亮晶灰岩
硅质灰岩	斑点状灰岩	粒泥灰岩
白云质灰岩	碎屑灰岩	泥粒灰岩
结晶灰岩	角砾状灰岩	颗粒灰岩
生物碎屑灰岩	砾状灰岩	泥灰岩
含藻灰岩	球粒灰岩	砂质泥灰岩
礁灰岩（未分）	瘤状灰岩	白云岩
含燧石结核灰岩	竹叶状灰岩	砂质白云岩
燧石条带灰岩	鲕状灰岩	泥质白云岩
结核灰岩	串珠状灰岩	角状白云岩
页片状灰岩	豹皮状灰岩	硅质岩
灰岩		

5. 侵入岩

橄榄岩	辉岩	角闪辉石岩
镁铁橄榄岩	二辉岩	角闪紫苏辉石岩
纯橄榄岩	紫苏辉石岩	角闪二辉岩
角砾云母橄榄岩(金伯利岩)	古铜辉石岩	角闪透辉石岩
辉石橄榄岩	顽火辉石岩	斜长岩
辉橄岩(橄辉岩)	透辉石岩	苏长岩
橄榄辉岩	角闪石岩	辉长岩
含长辉岩	正长闪长岩	正长岩
含长紫苏辉岩	闪长斑岩	辉石正长岩
含长二辉岩	闪长玢岩	角闪正长岩
含长透辉石岩	石英闪长斑岩	黑云母正长岩
二辉辉长岩	花岗闪长斑岩	石英正长岩
橄榄辉长岩	花岗岩	英辉正长岩
玢岩	角闪花岗岩	正长斑岩
辉长玢岩	紫苏花岗岩	霞石正长岩
辉绿岩	更长环斑花岗岩	霞石正长斑岩
辉长辉绿岩	黑云母花岗岩	霞斜岩

6.喷出岩、熔岩

苦橄岩	辉石安山岩	辉石粗面岩
苦橄玢岩	角闪安山岩	角闪粗面岩
玻基橄榄岩	黑云母安山岩	黑云粗面岩
玻基辉橄岩	安山玢岩	石英粗面岩
玻基纯橄岩	英安岩	粗面斑岩
玄武岩	流纹岩	粗安岩
苦橄玄武岩	流纹斑岩	粗安斑岩
橄斑玄武岩	石英斑岩	响岩
辉斑玄武岩	碱流岩	霞石响岩
拉斑玄武岩	霏细岩	白石榴响岩
杏仁状玄武岩	霏细斑岩	黝方石响岩
方沸玄武岩	珍珠岩	细碧岩
伊丁玄武岩	松脂岩	角斑岩
碱玄岩	黑曜岩	石英角斑岩
安山玄武岩	浮岩	碱性粗面岩
安山岩	粗面岩	碱性玄武岩

7. 区域变质岩

板岩	凝灰质板岩（中性）	绿泥千枚岩
钙质板岩	绢云板岩	千枚岩
硅质板岩	绿泥板岩	钙质千枚岩
砂质板岩	空晶板岩	石英千枚岩
炭质板岩	红柱石板岩	绢云千枚岩
绢云绿泥千枚岩	十字黑云片岩	角闪斜长片麻岩
片岩	钠长绿泥片岩	十字黑云片麻岩
石英片岩	硬绿云母片岩	矽线二云片麻岩
角闪片岩	白云石绿泥片岩	蓝晶云母片麻岩
黑云片岩	阳起蛇纹片岩	榴云片麻岩
二云片岩	帘石黑云片岩	浅粒岩
绿泥片岩	含蓝晶石黑云片岩	变粒岩
石墨片岩	蓝晶黑云片岩	变质砂岩
石榴片岩	角闪石榴云母片岩	长石石英岩
阳起片岩	正片麻岩	石英岩
十字片岩	花岗片麻岩	角闪变粒岩
红柱片岩	片麻岩、副片麻岩	黑云变粒岩

8. 接触变质交代蚀变岩

角岩	石榴透辉硅灰石角岩	方柱石大理岩
斑点角岩	符山石硅灰石角岩	透闪石大理岩
石英角岩	长英角岩	阳起石大理岩
黑云母角岩	辉绿角岩	黝帘石大理岩
堇青石角岩	大理石	符山石大理岩
绢云母角岩	大理石化灰岩	石榴石大理岩
红柱石角岩	白云质大理岩	石榴石辉石大理岩
辉石角岩	白云石大理岩	镁橄榄石大理岩

9. 第四纪堆积物成因类型及沉积相花纹

成因类型及符号	第四纪沉积相花纹	
Q^{al} 冲积	冲积	冰碛
Q^{pl} 洪积		
Q^{pal} 洪冲积	洪积	冰水堆积
Q^{el} 残积	冲积洪积	湖积
Q^{dl} 坡积		
Q^{eld} 残坡积	坡积	海积
Q^{col} 崩积	残积	沼泽堆积
Q^{dp} 地滑堆积		
Q^{ch} 化学堆积	风积（砂）	化学堆积
Q^{s} 人工堆积		
Q^{ca} 洞穴堆积	黄土	火山堆积

10. 沉积构造图例

	平行层理		逆粒序		槽模
	水平层理		缝合线		重荷模
	板状交错层理		生物扰动		变形层理
	藻席纹层		潜穴		压刻痕
	楔状交错层理		钻穴		碟状构造
	槽状交错层理		叠瓦构造		鸟眼构造
	丘状层理		层状晶洞		示底构造
	脉状层理		有胶结物晶洞		石盐假晶
	透镜状层理		帐篷构造		石膏假晶
	鱼骨状交错层理		平面遗迹		生物礁
	包卷层理		收缩裂隙		龟裂
	滑塌层理		对称波痕		雨痕
	叠层石		不对称波痕		雹痕
	爬升层理		沟模		核形石
	正粒序				

11. 化石图例

	植物化石及碎片		蜓		叠层石
	无脊椎动物化石（未分）		珊瑚动物		笔石动物
	脊椎动物化石（未分）		海绵动物		三叶虫
	有孔虫		古杯动物		苔藓动物
	棘皮动物		箭石		孢粉
	腕足动物		菊石		钙藻
	双壳动物		放射虫		海绵骨针
	腹足动物		牙形石		疑源类
	竹节石		介形虫		鱼类
	鹦鹉螺		叶肢介		遗迹化石

12. 构造符号

30°	岩层产状（走向、倾向、倾角）		倒转岩层产状（箭头指向倒转后的倾向）		交错层理及倾斜方向
	岩层水平产状		片理产状		片麻理产状
	岩层垂直产状（箭头方向表示较新层位）				

	平移正断层		航、卫片解译断层		向斜轴线
	平移逆断层		基底断裂		复式背斜轴线
	实测走滑断层		背斜		复式向斜轴线
	推测走滑断层		向斜		箱状背斜轴线
	断层破碎带		复式背斜		箱状向斜轴线
	剪切挤压带		复式向斜		梳状背斜轴线
	直立挤压带		箱状背斜		梳状向斜轴线
	区域性断层		箱状向斜		短轴背斜轴线
	韧性剪切带		梳状背斜		短轴向斜轴线
	脆韧性剪切带		梳状向斜		倾伏背斜轴线
	实测复活断层		短轴背斜		扬起向斜轴线
	推测复活断层		短轴向斜		倒转向斜(箭头指向轴面倾斜方向)
	早期剥离断层(英文字母为代号)		倾伏背斜		倒转背斜(箭头指向轴面倾斜方向)
	晚期剥离断层(英文字母为代号、齿指向断层倾斜方向)		扬起向斜		向形构造
	逆冲推覆断层(箭头表示推覆而倾向)		鼻状背斜		背形构造
	飞来峰构造		穿窿		倒转背斜(箭头指向轴面倾向)
	构造窗		隐伏背斜隐伏向斜		倒转向斜(箭头指向轴面倾向)
	隐伏或物探推测断层		背斜轴线		

附图 1 黄陵穹隆及邻区区域构造纲要图

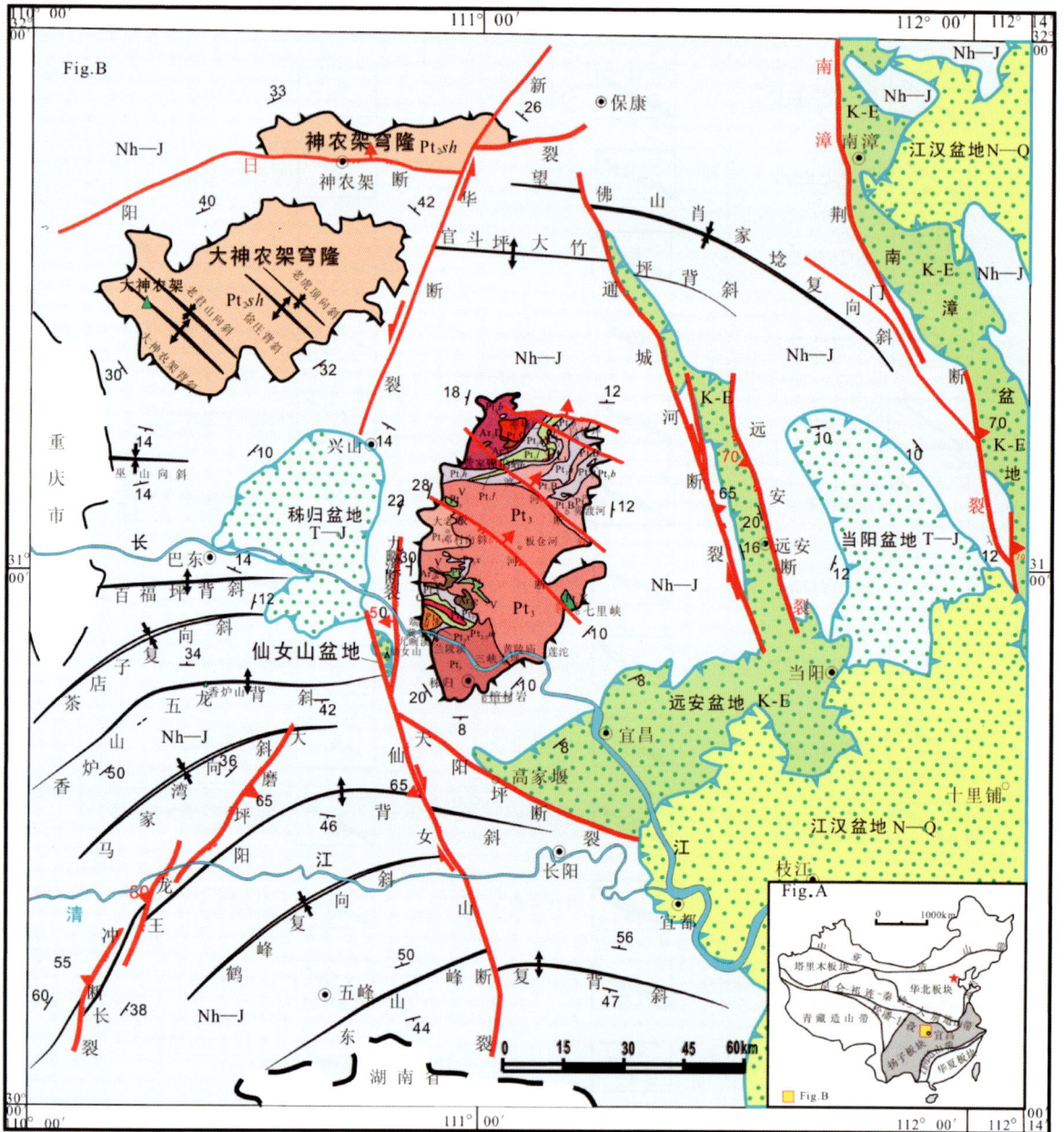

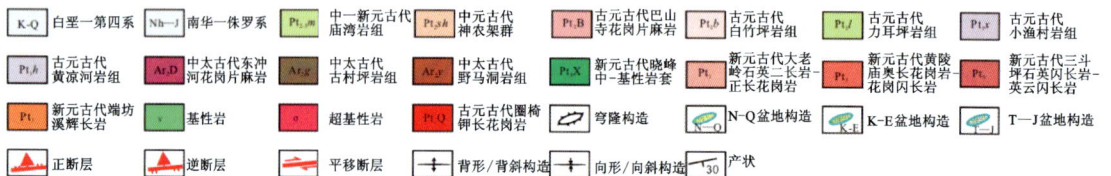

注:引自彭柏松等,2014

附图 2   实习路线分布图

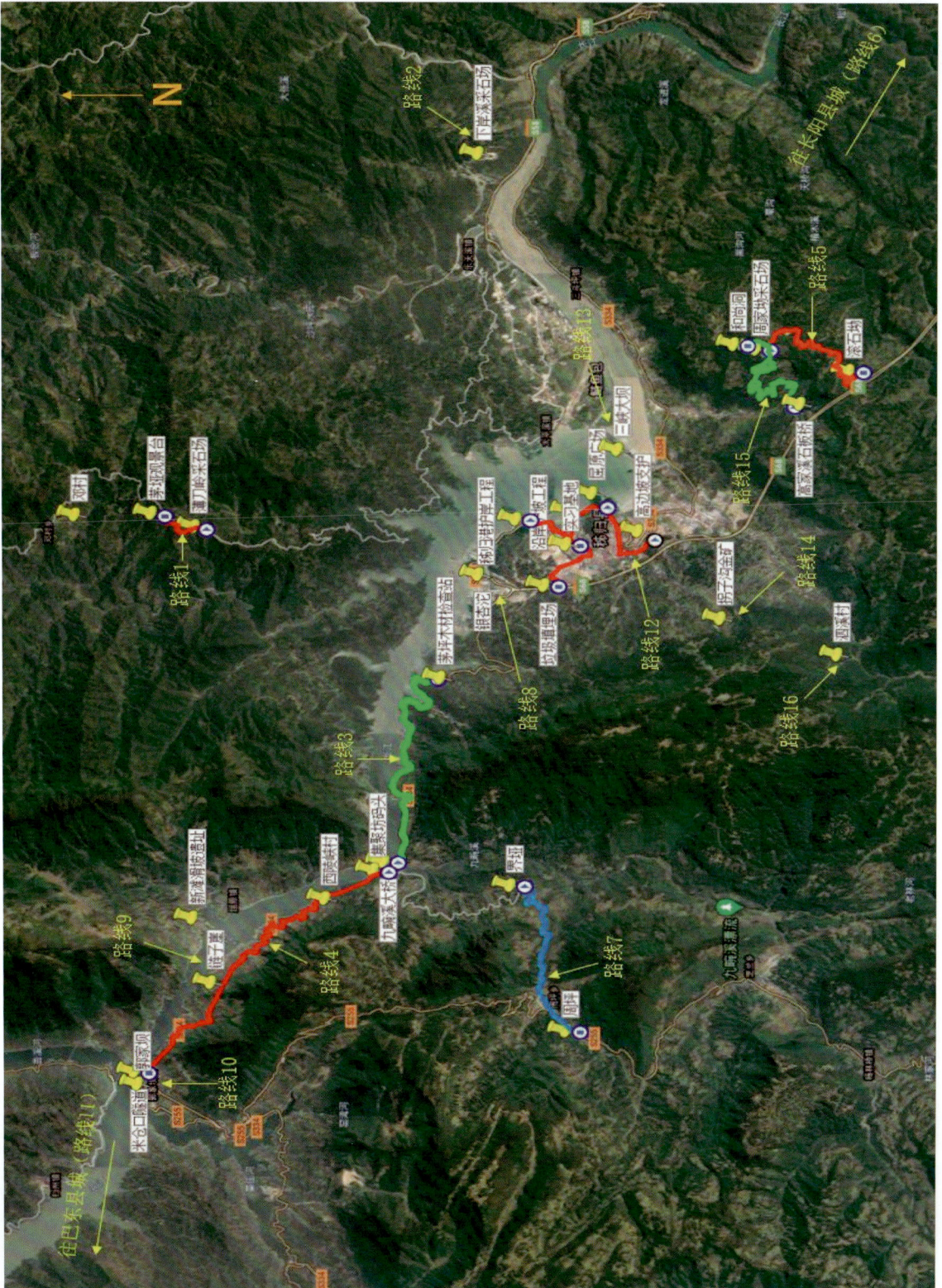

秭归地层简表

年代地层				岩石地层				
界	系	统	阶	组	段	代号	厚度(m)	岩性简述
新生界	第四系	全新统				Q_4al / Q_4pal	0-5.0 / 0-5.0	岩块体，卵石、砾、砂、粘土混杂堆积，为河流冲击物、崩积物
		更新统				Q_3al	0-12.0	岩块体，卵石、砾、砂、粘土混杂堆积，为河流冲击物、崩积及滑坡堆积
中生界	白垩系	上统	四方台阶 嫩江阶	红花套组		K_2h	491	鲜红、棕红色中厚层状细砂岩，粉砂岩夹厚层砂岩、含砾砂岩
			姚家阶 青山口阶	罗镜滩组		K_3l	273	灰红、紫红、灰灰色厚层块状砾岩、含粒细砂岩夹粉砂岩
		下统	泉头阶	五龙组	三段	K_1w^3	386	灰色、灰红色块状中厚层粗砾岩砂岩与石英砂岩互层
					二段	K_1w^2	945	浅棕色、灰、灰白色、薄至中层状细-中粒石英砂岩、含粒砂岩
			孙家湾阶		一段	K_1w^1	535	浅灰、浅灰绿、紫红色厚层含钙质细粒岩屑砂岩
				石门组		K_1s	>100	紫红、紫灰色块状中粗砾岩夹砖红色细砂岩透镜体
	侏罗系	中统		泄滩组	上段	J_2x	300-500	下部为紫红色泥岩与黄绿、灰绿色中厚层细粒石英砂岩、粉砂岩互层。中部以黄绿色中厚层泥岩为主，夹粉砂岩、石英砂岩及紫红色泥岩。上部为深灰、灰绿色泥岩夹粉砂岩，偶夹灰岩、泥灰岩
					下段			下部为灰黄色厚层细粒石英砂岩，薄层泥岩，局部夹粉砂岩。中部为黄绿色薄至厚层钙质泥岩、粉砂岩夹炭质泥岩透镜体。上部为黄绿色钙质泥岩、泥灰岩夹含钙细砂岩，中部夹深灰色薄层灰岩或灰岩透镜体
		下统		香溪组/桐竹园组		J_1x/J_1t	150-180	底部为深灰色砾岩、含砾石英砂岩与粗中粒石英砂岩,中部主要为灰黄色细砂岩、粉砂岩与泥页岩互层，上部主要为灰黄色、灰色细砂岩、粉砂岩、泥岩夹煤层
	三叠系	上统		沙镇溪组		T_3sh	17-252	灰色石英砂岩、长石石英砂岩、厚层砂岩、薄层砂岩及粉砂岩为主，夹泥岩、煤层和透镜状菱铁矿
		中统		巴东群	水家湾组	T_2sh	17-21	鸭蛋青色或浅灰绿色厚层白云岩夹黄绿色页岩
					远安组	T_2y	19-157	紫红色粉砂岩、泥岩为主夹灰岩、含泥砾岩及少量的细砂岩，上部钙质增加夹数层薄层状白云岩或灰岩
					宝塔河组	T_2bo	292-372	浅灰、灰色中至厚状、泥灰岩、白云质灰岩夹少量泥页岩、细砂岩、鲕粒灰岩及灰质角砾岩
					信陵镇组	T_2x	199-277	紫红夹灰绿色的粉砂岩、粉砂质泥岩、页岩为主夹铜砂岩、少量灰岩夹白云岩
					鹿家沟组	T_2l	81-99	灰、浅灰色微薄层状含泥质灰岩、白云质灰岩、白云岩，夹溶崩角砾岩
		下统		嘉陵江组	四段	T_1j^4	500-700	浅灰、褐灰色中厚层至块状微晶灰岩、白云质灰岩夹角砾状灰岩、可见石膏、石盐假晶
					三段	T_1j^3		灰-浅灰色中厚层灰质白云岩夹薄层状微晶灰岩及白云质灰岩
					二段	T_1j^2		灰色、浅灰色至灰黄色中厚层状泥晶灰岩夹紫灰色微晶白云岩至角砾状灰岩
					一段	T_1j^1		灰色中厚层粉晶白云岩夹紫色薄层状泥晶白云岩
				大冶组	四段	T_1d^4	300-790	浅灰色、紫灰色薄-微薄层微晶灰岩，夹厚层状灰岩，顶部为厚层鲕粒灰岩
					三段	T_1d^3		灰黄色、紫灰色薄层泥质条带状泥晶灰岩
					二段	T_1d^2		灰黄色薄层泥质条带状泥晶灰岩
					一段	T_1d^1		灰黄色、黄绿色泥灰岩、泥质灰岩及钙质泥岩或泥岩，局部夹浅灰色薄至中厚层微晶灰岩
上古生界	二叠系	上统	吴家坪阶	吴家坪组	保安段	P_3w	2-10	灰黑、深灰色薄层状硅质岩、泥岩及泥灰岩，上部夹2-3层粘土岩
					下窑段		100-170	深灰色中厚层状含燧石结核或条带状生物碎屑灰岩、泥质团块生物碎屑灰岩，局部见珊瑚礁灰岩
					炭山湾段		2-10	青灰色透镜状硅质岩夹黄色粘土岩，其顶部夹不规则薄煤层，生物化石稀少
		中统	茅口阶	茅口组		P_2m	773	灰色厚层-块状夹中层状含燧石结核泥晶生物碎屑灰岩
		下统	栖霞阶	栖霞组		P_2q	247.5	深灰色中厚层似瘤状(含燧石)泥晶生物碎屑灰岩互层夹灰黑色钙质泥岩
				梁山组/马鞍组		P_1ls/P_1m	18.4	灰白色中厚层石英砂岩夹细砂岩、粉砂岩、泥岩及煤层
				船山组		P_1ch	17-40	灰白色厚块状灰岩夹白云岩，偶具豆状（核形石）、鲕状结构，局部可夹有砂质泥岩
	石炭系	上统	威宁阶	黄龙组		C_2h	56.3	灰色厚层-块状生物碎屑沙砾屑泥晶灰岩、亮晶灰岩、局部层段含灰质白云岩角砾和团块
				大埔组		C_2d	52.9	灰色中厚层-厚层块状粉晶白云岩、砾碎屑白云岩
	泥盆系	上统	锡矿山阶	写经寺组		D_3x	8.2-36.5	上部为灰黄、灰黑色薄层炭质页岩、砂质页岩、石英砂岩夹粉砂岩；下部为灰色中厚层灰岩、泥质灰岩夹钙质页岩，普遍夹鲕状赤铁矿和鲕绿色菱铁矿
			余桥田阶	黄家磴组		D_3h	47.2	灰色中厚层石英细砂岩和粉砂岩、泥岩互层，偶夹中层状鲕状赤铁矿层
		中统	东岗岭阶	云台观组		D_2y	26.4	灰白色厚层块状-中层细粒石英岩状砂岩,夹底部含砾石英砂岩见石英质砂岩
下古生界	志留系	下统	紫阳阶	纱帽组	三段 二段 一段	S_1s	474.7	灰色薄层状粉砂岩、中厚层岩屑石英砂岩夹泥岩，顶部岩性为中厚层细粒石英砂岩夹粉砂岩

年代地层 / 岩石地层

界	系	统	阶	组	段	代号	厚度(m)	岩性简述
上古生界	泥盆系	中统	余桥田阶	黄家磴组		D_2h	47.2	灰色中厚层石英细砂岩和粉砂岩、泥岩互层，偶夹中层状鲕状赤铁矿层
			东岗岭阶	云台观组		D_2y	26.4	灰白色厚层块状-中层细粒石英岩状砂岩，夹底部含砾石英岩状砂岩见石英质砂岩
下古生界	志留系	下统	紫阳阶	纱帽组	三段 / 二段 / 一段	S_1s	474.7	灰色薄层粉砂岩、中厚层岩屑石英砂岩夹泥岩，顶部岩性为中厚层细粒石英砂岩夹粉砂岩
			大中坝阶	罗惹坪组	二段 / 一段	S_1lr	349.6	下部黄绿色薄层粉砂质泥岩夹瘤状或薄层状灰岩，上部深灰色薄层-中层泥灰岩、生屑灰岩为主
			龙马溪阶	龙马溪组	二段	S_1l^2	350	黄绿色粉砂质泥岩、泥质粉砂岩。偶夹钙质泥岩透镜体
					一段	S_1l^1	50	黑色、灰绿色薄层粉砂质泥岩、石英粉砂岩偶夹薄层状石英细砂岩
	奥陶系	上统	赫南特阶	五峰组		O_3w	4.4	黑灰、灰黑色薄-极薄层含炭质、硅质泥岩，夹黑色薄层状硅质泥岩
			钱塘江阶	临湘组		O_3l	15	灰色中层瘤状灰岩夹泥质灰岩，泥质条带发育
				宝塔组		O_3b	16	灰色中厚层龟裂纹泥晶灰岩夹瘤状泥晶灰岩
		中统	艾家山阶	庙坡组		$O_{2-3}m$	2.5	黄绿、灰黑色钙质泥岩、粉砂质泥岩夹薄层生物屑灰岩透镜体
			达瑞威尔阶	牯牛潭组		O_2g	35.5	灰、紫红色中层瘤状生物屑泥晶灰岩、砾屑灰岩或中层状泥晶灰岩与瘤状灰岩呈互层状
			大坪阶	大湾组	上段	O_2d^3	28	黄绿色薄层粉砂质泥岩夹生屑灰岩或呈不等厚互层状
					中段	O_2d^2	13	紫红、灰绿或浅灰色薄层生物屑泥晶灰岩、瘤状泥晶灰岩，夹少许钙质泥岩
					下段	O_2d^1	14	灰绿色、深灰色、浅灰色薄层含生屑泥晶灰岩、微晶灰岩间夹极薄层黄绿色页岩
		下统	道保湾阶	红花园组		O_1h	45.9	灰色中厚层砂屑生物屑鲕粒灰岩夹灰绿色薄层状泥岩或呈不等厚互层
				分乡组		O_1f	22-54	灰色厚层-块状砂屑生物屑灰岩、亮晶砂屑灰岩，含少量燧石结核，偶夹黄绿色极薄层页岩
			新厂阶	南津关组	四段	O_1n^4	14.9	灰白色厚层-中厚状鲕状灰岩，含砾屑、生物屑、砂屑等，间夹薄层泥晶灰岩
					三段	O_1n^3	52-64	浅灰-深灰色厚层夹中层状亮晶含砾砂屑、鲕状灰岩，硅质条带发育
					二段	O_1n^2	28-54	浅灰-灰白色厚层微晶-细晶白云岩夹中厚层含砾砂屑、粒屑粉-细晶白云岩
					一段	O_1n^1	75.2-80.4	深灰色中层砾屑生物屑灰岩、鲕粒灰岩、泥晶灰岩夹白云岩、泥岩
	寒武系	上统	凤山阶 / 长山阶	三游洞群	雾渡河组	$\in_3O_1w$	121.8	灰、深灰色厚层块状泥晶白云岩、含砾屑细晶白云岩与中层状粉-细晶白云岩不等厚互层状，间夹少量薄层白云岩、含砾砂屑粉晶白云岩，硅质条带等发育
			崮山阶 / 张夏阶		新坪组	$\in_3x$	108.2	灰白色厚层-块状含方解石充填晶洞细晶白云岩与粉晶白云岩互层，局部层段为中层状泥晶灰岩
		中统	徐庄阶	覃家庙群	官山组	$\in_2g$	190	浅灰色、灰色中厚层白云岩、泥晶白云岩，底部为白云岩与泥岩互层
			毛庄阶		碰膝包组	$\in_2k$	79	深灰色、灰色薄层状泥晶白云岩夹中厚层白云岩，夹少量薄层泥岩，局部层段含食盐假晶
		下统	龙王庙阶		石龙洞组	$\in_1sl$	86.3	浅灰色中厚层至块状晶洞粉晶白云岩、岩溶角砾岩夹中层状白云岩。局部风暴角砾岩、砾屑白云岩发育
			沧浪铺阶		天河板组	$\in_1t$	377.2	灰色薄-中层条带状白云质灰岩、泥晶灰岩、鲕粒灰岩夹钙质页岩，局部层段为鲕粒灰岩、核形石灰岩
					石牌组	$\in_1sp$	294.9	灰绿色页岩、泥质粉砂岩夹薄层灰岩、鲕粒灰岩、灰色中厚层泥晶灰岩
			?竹寺阶		水井沱组	$\in_1s$	168.5	上部深灰色中层你进灰岩与炭质泥岩互层，偶夹燧石结核,下部为黑色炭质泥岩夹透镜状灰岩
			梅树村阶		岩家河组	天柱山组	$Z_2\in_1y$ / $Z_2\in_1t$	0.7-5	叶片状泥质白云岩、细晶白云岩，间夹薄层硅质条带、含长石石英粉砂质磷块岩、黑色炭质泥岩夹炭质页岩、薄层状灰岩、硅质泥岩，偶夹粉砂质泥岩
新元古界	震旦系	上统	龙灯溪阶	灯影组	白马沱组	Z_2dn^3	17.5	灰白色中-中层状白云岩、夹中层-薄层状细晶白云岩，局部层段硅质条带、结核发育
			石板滩阶		石板滩组	Z_2dn^2	36	深灰色、灰黑色薄层含硅质泥晶灰岩，偶夹燧石条带，极薄层泥晶灰岩条带发育
			蛤蟆井阶		蛤蟆井组	Z_2dn^1	134.4	灰-浅灰色中层夹厚层内碎屑白云岩，细晶白云岩，含硅质细晶白云岩
		下统	庙河阶	陡山沱组	四段	Z_1d^4	44.1	黑色薄层硅质泥岩、炭质泥岩夹白云质灰岩
					三段	Z_1d^3	60.9	上部灰白色厚层夹中厚层状白云岩、粉晶-细晶白云岩，燧石结核及条带发育。上部为薄层状泥晶白云岩
			瓮安阶		二段	Z_1d^2	89.2	深灰色-黑色薄层泥质灰岩、白云岩夹薄层炭质泥岩，呈不等厚互层状叠置
					一段	Z_1d^1	5.5	灰、深灰黑色厚层含硅质白云岩,含燧石结核;薄-中层状灰岩、灰质白云岩
	南华系	上统		南沱组		Nh_2n	103.4	灰绿色夹紫红色块状冰碛砾岩，含冰碛石英砂砾泥岩，局部偶见薄层粉砂状泥质岩
		下统		莲沱组	二段	Nh_1l^2	30	紫红色薄层-中厚中粒长石石英岩屑、砂岩夹粉砂质泥岩、粉砂岩，偶夹中层、厚层含砾砂岩
					一段	Nh_1l^1	63	紫红色、灰绿色厚层长石石英砂岩、含砾砂岩、砂屑间夹薄层状凝灰质石英砂岩及少量薄层粉砂质泥岩
中元古界				庙湾岩组		Pt_2m	864	斜长角闪花岗岩
古元古界				小以村岩组		Pt_1x	645	黑云二长片麻岩、斜长片麻岩、石英黑云片岩或二云片岩斜长角闪岩

参考文献

[1] 彭松柏，张先进，边秋娟.秭归产学研基地野外实践教学教程——基础地质分册[M].武汉：中国地质大学出版社，2014.

[2] 余宏明，等.秭归产学研基地野外实践教学教程——地质工程与岩土工程分册[M].武汉：中国地质大学出版社，2014.

[3] 李雪平，周小勇，左昌群，等.秭归产学研基地野外实践教学教程——土木工程分册[M].武汉：中国地质大学出版社，2014.

[4] 鲁莎.三峡库区黄土坡滑坡滑带特性及变形演化研究[D].武汉：中国地质大学，2017.

[5] 贾洪彪，吴益平，李长冬，等.秭归工程地质野外教学实践MOOC课程，2021. https：//www. icourse163. org/course/CUG-1206461814？ from＝searchPage.

[6] 陈丽霞，李智勇，徐慧如，等.秭归野外地质实践教学MOOC课程，2021. https：//www. icourse163. org/course/CUG-1206135804？ from＝searchPage.

[7] 王岸，冯庆来，喻建新，等.三峡地质野外实践MOOC课程，2021. https：//www. icourse163. org/course/CUG-1459656161？ from＝searchPage.